Das Geheimnis
glücklicher Pferde

Was sie wirklich brauchen

CAROLINE SPERLING

Das Geheimnis glücklicher Pferde

Was sie wirklich brauchen

Haftungsausschluss

Autorin und Verlag haben den Inhalt dieses Buches mit großer Sorgfalt und nach bestem Wissen und Gewissen zusammengestellt. Für eventuelle Schäden an Mensch und Tier, die als Folge von Handlungen und/oder gefassten Beschlüssen aufgrund der gegebenen Informationen entstehen, kann dennoch keine Haftung übernommen werden.

Copyright © 2016 by Crystal Verlag, Wentorf
Gestaltung und Satz: Johanna Böhm, Dassendorf
Titelfoto: Christiane Slawik
Fotos im Innenteil: Christiane Slawik, Claudia Rahlmeier
Lektorat: Alessandra Kreibaum
Druck: Westermann Druck, Zwickau

Deutsche Nationalbibliothek – CIP-Einheitsaufnahme
Die Deutsche Nationalbibliothek verzeichnet diese Publikation in der Deutschen Nationalbibliografie; detaillierte bibliografische Daten sind im Internet über http://dnb.ddb.de abrufbar.

Printed in Germany

ISBN: 978-3-95847-012-5

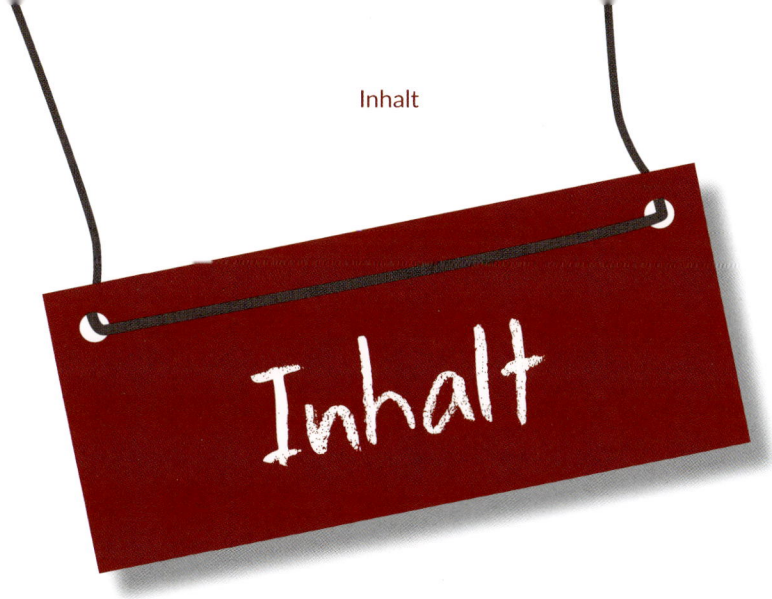

Inhalt

Liebe Leserin, lieber Leser!

Ich freue mich, dass dich das Thema meines Buches anspricht. Für mich selbst ist es ein absolutes Herzensthema. Dieses Buch zu schreiben hat mir viel Freude bereitet. Ich will mit meiner Arbeit, meinen Artikeln und diesem Buch Pferdemenschen erreichen, aufklären und im besten Fall dem einen oder anderen Pferd zu etwas mehr Lebensfreude verhelfen. Mit diesen Absichten habe ich bewusst ab und zu sehr ehrliche und deutliche Worte gefunden! Doch wenn man immer nur anderen nach dem Mund redet oder schreibt, kann man den Anspruch, etwas zu verändern, ad acta legen. Wichtig ist mir noch zu erwähnen, dass es nicht leicht war, den Informationsgehalt in einem einzigen Buch unterzubringen: Zum einen bin ich keine Expertin auf allen Gebieten und zum anderen kann man zu jedem einzelnen Thema ganze Bücher füllen. Trotzdem wollte ich alle Punkte, die mir wesentlich erscheinen, aufnehmen. Bei einigen Themen wie Haltung, Fütterung oder Zähne haben mich Fachleute mit ihrem Wissen unterstützt, wofür ich mich ganz herzlich bedanken möchte. Und damit jeder für sich Themen vertiefen kann, habe ich am Ende des Buches gute weiterführende Literatur zusammengestellt.

In diesem Sinne wünsche ich dir, lieber Leser, viel Spaß beim Lesen!

Der Weg zum zufriedenen Pferd

Als Pferdepsychologin komme ich regelmäßig zu Kunden, die auf irgendeine Art und Weise Probleme mit ihrem Pferd haben. Hier reicht die Palette von „Mein Pferd lässt sich nicht auf die Koppel führen" bis „Mein Pferd schlägt sich regelmäßig die Beine an der Boxentür wund" oder „Es lässt sich nicht mehr auf der Koppel einfangen". Oft befinden sich der Besitzer und sein Pferd in einer negativen emotionalen Spirale: „Das klappt nicht", und: „Dort läuft's nicht", und: „Überhaupt denke ich über einen Verkauf meines Pferdes nach."

Hier spüre ich spätestens im ersten Gespräch Gefühle von Trauer über den momentanen Zustand, über Angst vor dem eigenen Pferd bis hin zur Resignation, weil der Besitzer meint, dass sowieso alles aussichtslos ist. Für einen Wandel muss einer von diesem negativen Karussell abspringen, und das kann nur der Mensch sein, indem er Dinge verändert und sich öffnet für neue Wege.

Ein zufriedeneres Pferd ist viel offener im Kontakt mit seinem Besitzer. Jedes Pferd ist ein Individuum mit seinem ganz eigenen Charakter, und trotzdem haben alle Pferde ähnliche Grundbedürfnisse. Kommen diese Grundbedürfnisse zu kurz, auf welche Art und Weise auch immer, kann es dazu führen, dass unser Pferd „schwierig" oder sogar ein sogenanntes „Problempferd" wird. Das bedeutet im Umkehrschluss: Je mehr wir darauf achten, dass die Bedürfnisse unseres Pferdes befriedigt sind, desto zufriedener und glücklicher wird es sein.

Das Ziel meiner Arbeit ist es, dem Besitzer bei dem Absprung aus dem negativen Karussell zu helfen, ihn neugierig zu machen für neue Wege, sodass er wieder positive Erfahrungen machen kann. Oft sind es nur die kleinen Dinge, die wir als unwichtig erachten, die aber eine große Veränderung hin zum Positiven bringen. Diese positiven Entwicklungen, die meist bei Besitzer und Pferd parallel laufen, begleiten und miterleben zu dürfen, ist wunderschön und beglückend für mich.

Eure
Caroline Sperling

Ist das Pferd zufrieden,
" ist es auch sein Mensch.

(Foto: Christiane Slawik)

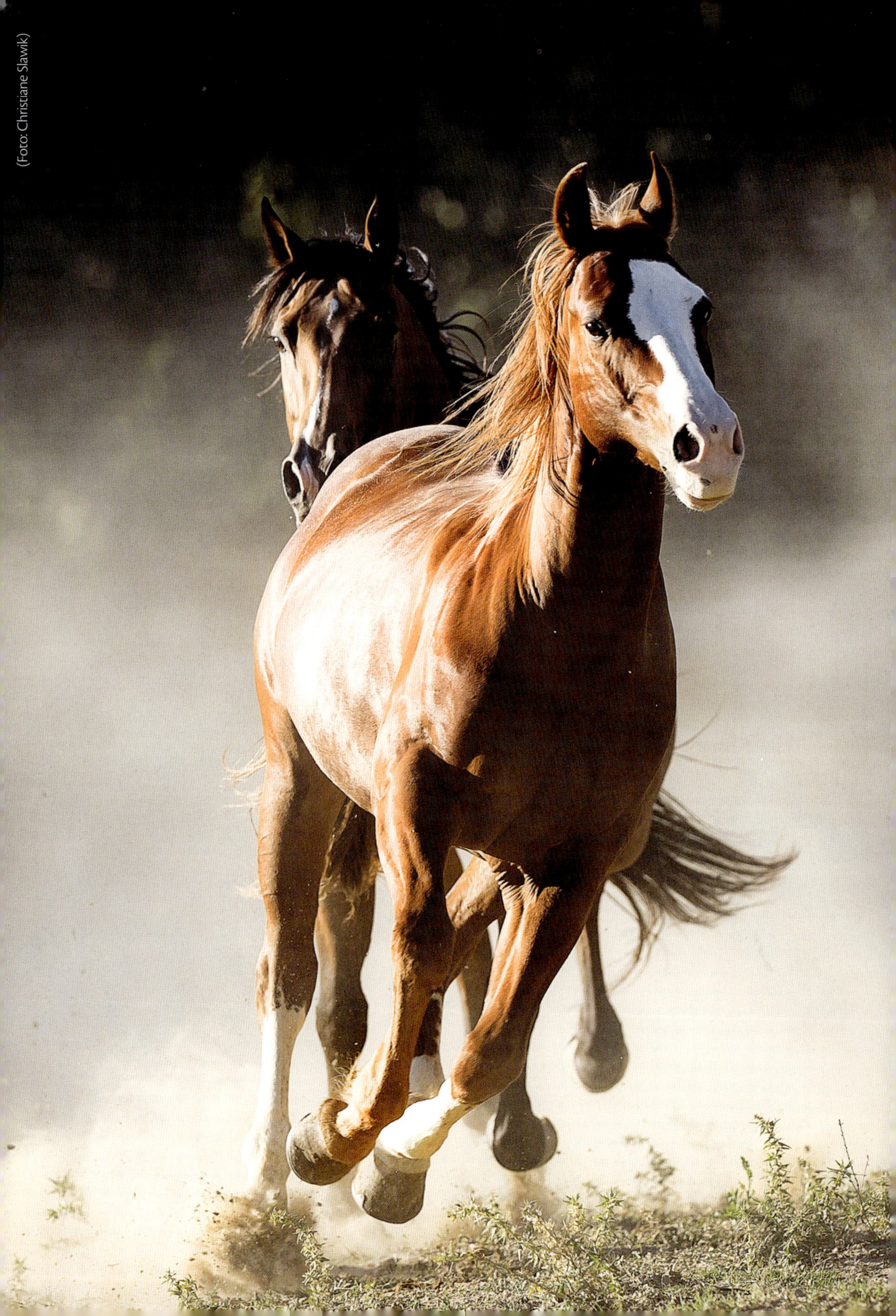

(Foto: Christiane Slawik)

Die körperlichen Grundbedürfnisse

Ausreichend Bewegung

Eine E-Mail mit einem ellenlangen Text finde ich in meinem Postfach. Verfasserin ist ein junges Mädchen von 15 Jahren. Sie schreibt von ihrer Foxtrotter Stute, die im Umgang mehr und mehr Probleme macht. Ich bin ihre letzte Anlaufstelle, denn wenn sich die Probleme nicht lösen lassen, muss die Stute verkauft werden. Den Eltern wird das Pferd zu gefährlich. Ich spüre ganz deutlich die Verzweiflung der jungen Frau, weil sie ihr geliebtes Tier nicht hergeben will. Die Stute ist doch ein Teil der Familie! Wir vereinbaren einen ersten Termin. Es ist ein kalter Tag im Februar, als ich im Stall ankomme. Ich werde freudig von der jungen Besitzerin und ihrer Mutter begrüßt. Ich merke, wie viel Hoffnung sie in mich und unser Training setzen.

Ich möchte mehr über die Vorgeschichte der Stute erfahren und wir sprechen zunächst in Ruhe miteinander. Lebhaft berichtet mir die Besitzerin, wie sie zu der Stute kamen und wie verbunden sie sich mit ihrem Seelenpferd fühlte. Anfangs gab es überhaupt keine Probleme. Erst als sie einen Streit mit dem Stallbetreiber hatte

und mit ihrer Stute in einen neuen Stall umziehen musste, veränderte sich das Pferd mehr und mehr. Hier wurde ich hellhörig. Was für ein Stall war das, in dem sie früher stand, und wo steht sie heute? Zu Anfang stand die Stute in einem kleinen Offenstall mit fünf weiteren Pferden, der sehr großzügig angelegt war. Die Herde konnte sich frei bewegen. Von dem zweiten Stall, in dem die Stute jetzt stand, wollte ich mir selbst ein Bild machen. Wir gingen also in den Stalltrakt, links und rechts Boxen, hoch vergittert, wie ich sie so oft sehe. Mich erinnern solche Ställe immer an einen Hochsicherheitstrakt im Gefängnis, in dem man Angst hat, es könnte einer der Häftlinge ausbrechen.

Oft habe ich das Gefühl, dass mich einige Pferde, die mich mit ihren Blicken verfolgen, fast ansprechen: „Hey, bleib stehen und schenk mir wenigstens kurz deine Aufmerksamkeit und etwas Abwechslung." Vor einer Box blieb das junge Mädchen stehen. Das war sie, die Stute, die sich beim Führen losriss und unter dem Sattel nicht mehr zu bremsen war. Eine kleine, feingliedrige Fuchsstute mit großen braunen Augen, die sofort mit dem Fressen aufhörte und auf uns zukam. Ihr Äußeres verriet, dass sie einen großen Vollblutanteil haben musste. Diese Pferde sind durch ihre Züchtung meist hochintelligent und lernen schnell, sie sind sehr sensibel und haben einen großen Bewegungsdrang. Es war bereits nach zehn Uhr und ich fragte mich, was die Pferde noch in der Box machten, wo sie doch angeblich täglich im Winter auf einen Paddock kommen sollten. Ich hatte den Gedanken noch nicht zu Ende gedacht, da kam der Stallbetreiber um die Ecke, begann die Boxentüren zu öffnen und die Pferde auf die Paddocks laufen zu lassen.

Die Stute wurde nervös und hektisch, drehte sich im Kreis in ihrer Box und stieg immer wieder vor der Boxentür, als wolle sie sagen: „Lass mich raus, ich will endlich raus! Ich halte es nicht mehr länger aus!" Als sie endlich an der Reihe war – der Stallbetreiber erklärte mir, dass sie grundsätzlich als Letzte hinauskomme, weil sie sich immer so aufführe –, raste sie aus ihrer Box wie vom Blitz getroffen. Der Gedanke, dass sich dies jeden Tag abspielt, machte mir ernsthaft Sorgen. Auf dem betonierten Stallboden war es nur eine Frage der Zeit, wann sie wegrutschte, stürzte und sich verletzte. Die Erzählungen zusammen mit meinem eigenen Eindruck machten für mich jetzt Sinn.

Was machen die Wildpferde?

Wildpferde bewegen sich in freier Wildbahn circa 17 Stunden am Tag im Schritt mit dem Kopf am Boden vorwärts – auf der Suche nach Futter und Wasser. Schnellere Gangarten nutzen sie fast ausschließlich, wenn sie vor einem hungrigen Fleischfresser flüchten müssen. Von diesem natürlichen Verhalten abgeleitet, erklärt sich Bewegung in dieser Form als Grundbedürfnis unserer Pferde.

Wird dieses Bedürfnis zu wenig oder gar nicht gestillt, kommt es zu einem Energiestau, und Verhaltensauffälligkeiten sind die Folge. Gerade bei jüngeren Pferden mit viel Vollblutanteil muss dem noch mehr Beachtung geschenkt werden als bei schweren Kaltblütern. Blütige Pferde erkennt man an ihren großen Augen und ihrem schmalen Exterieur.

So sehen zufriedene Pferde aus. (Foto: Christiane Slawik)

Momentaufnahme: Pferdekumpel

Ich stehe am Koppelzaun und beobachte eine kleine Pferdeherde. Ein Wallach fällt mir besonders auf. Er steht zusammen mit seiner Herde auf der Koppel: Anfangs spielt er wild mit einem Kumpel. Sie zwicken sich gegenseitig in den Hals, gehen immer wieder auf die Hinterbeine und steigen sich an. Nach einer Weile schnauben sie beide müde, aber zufrieden ab und beginnen, nebeneinander genüsslich zu grasen. Der Wallach hat einen sanften, wachen Blick. Sein gesamter Körper wirkt entspannt, seine Bewegungen sind elastisch, weich und fließend. Sein Fell glänzt im Tageslicht, auch wenn er nicht geputzt ist. Er strahlt totale Zufriedenheit aus.

Ein Leben in der Herde unter freiem Himmel. (Foto: Christiane Slawik)

Das Verhalten der Stute – unbändig beim Führen, in der Box steigen und unter dem Sattel nicht bremsen wollen – deutet klar darauf hin, dass die Stute kurz vor dem Explodieren stand, weil ihr die Bewegung nicht ausreichte: Vier bis fünf Stunden auf dem Paddock stehen und im besten Fall eine Stunde unter ihrer Reiterin laufen bedeutet 18 Stunden in der Box.

Nun hatte die Stute aber bereits im vorigen Stall die Freiheit und das Leben in der Herde kennengelernt. Das Wieder-Einsperren in die Box machte sie so wild.

Nach unserem Gespräch, in dem ich Mutter und Tochter meine Eindrücke und Ideen erzählte, suchten die beiden umgehend nach einem gut durchdachten Offenstall und stellten die Stute um. Nur wenige Wochen später erhielt ich eine überglückliche E-Mail der Tochter, dass ihre Stute wieder total brav sei, sie wieder stundenlange gemeinsame Ausritte machen und dass sie mir so dankbar seien. Über solche Nachrichten freue ich mich immer sehr!

Für eine ausgeglichene Psyche braucht ein Pferd die Möglichkeit, sich frei bewegen zu können. Aber auch der Pferdekörper wird dadurch gesund erhalten: Durch eine langsame, energiesparende, aber kontinuierliche Bewegung wird der Stoffwechsel angeregt, der gesamte Bewegungsapparat und alle Organe werden mit Blut versorgt. Dieses tägliche Training hält den Pferdekörper mit all seinen Muskeln, Bändern und Sehnen weich, elastisch und trainiert. Auch das Immunsystem bleibt in Schwung, weil Wildpferde in der Natur einem ständig wechselnden

Der Tag im Leben eines Boxenpferdes

5.00 Uhr: Es ist dunkel. Dösen im Stehen. Meine linke Nachbarin steht gerade auf und schüttelt sich. Kurze Begrüßung durch die Gitterstäbe. Stehen. Eine Runde im Kreis gehen. Stehen. Ohren spitzen und lauschen.

7.00 Uhr: Das Licht geht an und der Stallbursche kommt mit dem Kraftfutterwagen. Unruhe. Scharren und Schlagen an die Boxenwände. Allgemeine Unruhe. Drehen in der Box und schon mal böse zum Nachbarn rechts hinbewegen.

7.15 Uhr: Endlich kommt das Kraftfutter. Noch mal böse schauen, an die Boxenwände treten, nicht dass hier einer meint, ich gebe etwas ab von meinem Futter. Ich schlinge, weil ich so ausgehungert bin.

7.25 Uhr: Die Unruhe legt sich im Stall, alle fressen.

7.30 Uhr: Das Kraftfutter ist vertilgt, es liegt mir wie Steine im Magen. Wieder allgemeines Warten, dieses Mal auf das Heu. Stehen, warten, lauschen. Eine Runde gehen. Scharren. Boxentüren gehen immer wieder auf und zu. Lauschen. Endlich bin ich an der Reihe. Boxentür auf, Heu rein, Boxentür zu. Giftig zum Nachbarn schauen, was bildet der sich ein!

8.00 Uhr: Stehen. Warten. Das Heu ist aufgefressen. Stehen. Halbe Runde drehen zum Wasser und trinken. Stehen. Warten. Lauschen. Der Stallbursche kommt. Dieses Mal mit dem Mistwagen. Boxentür auf, ich werde zur Seite gedrängt,

der Mist wird mitgenommen, Boxentür zu. Zwei Schritte nach links. Stehen. Warten. Lauschen.

9.00 Uhr: Stehen. Warten. Lauschen. Der Stallmensch kommt erneut mit Stroh. Boxentür auf, Stroh rein, er schüttelt es auf, ich bekomme einen Hustenreiz, weil es so staubt, Boxentür zu. Drei Schritte nach rechts. Knabbern am Stroh. Warten. Stehen.

10.00 Uhr: Stehen. Warten. Der Stallmann kehrt den Stall. Es staubt. Allgemeines Husten und Nach-Luft-Ringen. Sich ein paar Schritte im Kreis bewegen. Stehen. Warten. Ich schwitze unter meinem Mantel, den ich seit ein paar Wochen tragen muss, Tag wie Nacht. Puh! Warten. Stehen. Im Kreis herumlaufen. Auf die Koppel komme ich nicht, weil der Boden zu nass ist. Ich könnte die Grasnarbe zerstören oder mich vertreten. Das ist alles viel zu gefährlich.

13.00 Uhr: Stehen und warten auf die nächste Mahlzeit. Mein Magen tut weh. Allgemeine Unruhe. Scharren, Schlagen an die Boxentüren.

13.30 Uhr: Hafer und Heu sind da und umgehend aufgefressen. Wieder stehen und warten. Dösen. Einige Menschen laufen durch den Stall, aber ich bekomme keine Aufmerksamkeit. Stehen. Weiterdösen.

16.00 Uhr: Stehen. Warten auf meinen Menschen. Bis dato niemand in Sicht. Ab und an werden Pferde vorbeigeführt. Stehen. Dösen.

17.30 Uhr: *Es ist bereits dunkel. Warten auf meine Besitzerin, die sich noch nicht hat blicken lassen. Warten. Stehen. Dösen. Bald muss es wieder etwas zu fressen geben. Mein Magen schmerzt schon wieder.*

18.00 Uhr: *Endlich fressen. Ohren anlegen und drohen nach allen Seiten.*

18.30 Uhr: *Meine Besitzerin kommt. Ich werde freudig begrüßt und herausgeholt. Endlich! Sie putzt, streichelt mich, hat leckere Kleinigkeiten dabei. Dann geht es ab in die Halle. Ich habe keine Lust. In dieser Halle heißt es arbeiten. Oft verstehe ich auch gar nicht, was sie von mir will. Dann kann sie ganz schön brutal werden. Ich habe Angst vor ihr, wenn sie auf meinem Rücken sitzt.*

19.30 Uhr: *Endlich ist sie fertig und ich werde abgesattelt. Weil ich durchgeschwitzt bin, stellt sie mich unter ein Gerät, das Wärme abgibt. Mein Fell soll schnell trocknen.*

19.45 Uhr: *Sie führt mich in meine Box. Zur Verabschiedung gibt es ein paar liebe Worte und eine Karotte.*

21.30 Uhr: *Stehen, dösen, lauschen. Ein letztes Mal geht ein Mann durch den Stall, der einen kurzen Blick zu uns wirft. Allgemeines Stehen und Dösen. Alles in Ordnung. Er macht alle Fenster der Außenboxen zu – es hat unter null Grad und die Tränken könnten einfrieren – und verschließt den Stall. Gute Nacht.*

24.00 Uhr: *Ein leises Geräusch im Stroh. Eine Maus sucht nach heruntergefallenem Kraftfutter. Stehen, schlafen im Stehen.*

1.30 Uhr: *Ich lege mich hin und verarbeite die Erlebnisse im Schlaf.*

3.00 Uhr: *Ich wache durch einen Hustenanfall auf, alles juckt in meinem Hals. Ich stehe auf und habe trotzdem immer noch Probleme, Luft zu bekommen. Hoffentlich kommt bald jemand, der die Fenster wieder öffnet.*

4.00 Uhr: *Stehen, dösen. Ich habe schrecklichen Hunger. Mein Magen tut weh!*

Ein trauriges Bild: wie ein Gefangener in Einzelhaft. (Foto: Christiane Slawik)

Fröhliche Junghengste beim Balgen. (Foto: Christiane Slawik)

Wetter ausgesetzt sind. Sie können Temperaturunterschiede von 30–40 Grad gut verkraften. Das Sonnenlicht steuert die Hormone, den Biorhythmus und trägt zu einem gesunden Stoffwechsel bei.

Glückliche Pferde sind dreckig …

Gerade im Sommer, wenn es heiß ist, die Plagegeister Hochsaison haben und die Pferde oft stark zerstochen sind, kann man manchmal auch mehrere gleichzeitig sich wälzen sehen – so als ob es ansteckend wäre. Aber sie wälzen sich auch gern im Winter im Schnee oder im nicht zu nassen Sand. Dabei fühlt man, was es für eine Wollust ist, wenn sie sich endlich an Stellen scheuern können, an die sie

sonst nur schwer oder gar nicht kommen. Sie stoßen Wohlfühllaute aus, die den Genuss hörbar machen. Aber Wälzen ist nicht nur Genuss, es dient auch als Fellpflege und als natürlicher Schutz gegen Insektenstiche.

… und verspielt

Beobachtet man Pferde in freier Wildbahn, wird man fast ausschließlich die Junghengste spielen sehen. Sie bereiten sich körperlich und mental im Spiel auf die Aufgabe vor, eine eigene kleine Herde zu beschützen. Allerdings nimmt das Spielen in freier Wildbahn keine so große Rolle ein wie in domestizierter Haltung. In der Natur sind Pferde so vielen Reizen ausgesetzt, dass sie keine Beschäftigung suchen. Anders hingegen

> *Der Mensch spielt nur, wo er in voller Bedeutung des Wortes Mensch ist, und er ist nur da ganz Mensch, wo er spielt.*
>
> *Friedrich Schiller*

bei unseren aufgestallten Pferden. Sie suchen nach Abwechslung und neuen Reizen.

Das bedeutet, dass wir uns zufrieden und wohlfühlen müssen – wir brauchen sozusagen eine Wohlfühlatmosphäre –, um überhaupt in den Spielmodus zu kommen. Das ist die Grundvoraussetzung. Ist die gegeben, dann spielen domestizierte Pferde jedes Alters gern, nicht nur die Fohlen. Gerade die älteren Wallache werden im Spiel wieder jung. Sie wirken wie um viele Jahre verjüngt. Sie zwicken sich gegenseitig in die Beine oder gehen dabei auf die Knie, steigen sich an wie junge Hengste, um im nächsten Moment um die Wette zu rasen. Sie spielen aber auch gern mit Gegenständen wie einem Wasserbottich, in den sie mit einem Huf hineinplanschen, oder einem herumliegenden Ast, den sie in der Luft herumwirbeln.

Stuten hingegen lieben mehr das gemeinsame Laufen oder das verbindende Kraulen. Sie trainieren so ihre Muskulatur und halten sich beweglich und fit. Wildpferde können, wenn sie die Lust zum Spielen packt, diesem Bedürfnis jederzeit nachkommen. Anders ist es bei unseren domestizierten Pferden. Sie sind von uns Menschen abhängig und können nur dann spielen und toben, wenn wir ihnen die Möglichkeit dazu geben. Immer wieder erlebe ich Wallache, die keinen sozialen Kontakt haben und alles an-

knabbern oder hinunterschmeißen. Sie haben keine Möglichkeit, ihren Spieltrieb auszuleben, und machen es auf diese Art und Weise – oft zum Ärger des Besitzers. Ich werde gerufen, um ihnen dieses „schlechte" Verhalten abzugewöhnen. Für mich gibt es aber nur diese zwei Alternativen: Entweder ermöglicht man seinem Pferd, den Wunsch nach Spielen und Toben zusammen mit einem Kumpel, den es mag, auszuleben – dann hört das Verhalten ganz von allein auf – oder man muss sich mit dem Alternativspiel abfinden. Ein Bestrafen ist aus meiner Sicht nicht fair.

Das Spielzeug bleibt nur spannend, wenn es nicht immer zur Verfügung steht. (Foto: Christiane Slawik)

Praxistipp: Mehr Bewegung

- *Eine Haltung im gut durchdachten Offenstall bietet die meisten Bewegungsmöglichkeiten.*

- *Ein Paddock Trail bzw. Paddock Paradise bietet Anreize im Offenstall, damit sich die Pferde von sich aus mehr bewegen müssen.*

- *In einer Paddockbox hat das Pferd mehr Möglichkeiten als in einer Innenbox.*

- *Für Boxenpferde kann man die Koppel- beziehungsweise Paddockzeiten verlängern. Eventuell kannst du dich mit einer Stall-kollegin absprechen: Die eine stellt die Pferde zusätzlich zu den Koppelzeiten noch einmal raus, die andere holt sie rein.*

- *Im Sommer die Pferde nachts auf die Koppel stellen.*

- *Eine verantwortungsbewusste Reit- oder Pflegebeteiligung suchen, die ruhige und ausgedehnte Ausritte oder Geländespazier-gänge macht. Es schadet keineswegs, wenn ein Pferd ein zweites Mal am Tag bewegt wird. Nur Abwechslung bedenken!*

- *Zwei Pferdekumpel, die sich kennen und mögen, in der Halle oder auf dem Platz spielen lassen.*

- *Rohe Pferde oder Pferde, die nicht geritten werden können, als Handpferd im Schritt mit ins Gelände nehmen.*

Artgerechte Fütterung

„Du bist, was du isst!" Eine gesunde Ernährung, die unserem Organismus das gibt, was er braucht, hat einen großen Einfluss auf unsere Gesundheit und damit auf unser Wohlbefinden. Genauso verhält es sich bei unseren Pferden: Sie sind Pflanzenfresser, haben aber anders als Rinder und Schafe nur einen Magen, der circa 10–15 Liter fasst. Dies ist, verglichen mit ihrer Körpergröße, sehr wenig. Daher fressen sie in freier Wildbahn zwischen 17 und 19 Stunden pro Tag. Ihr Magen ist somit nie leer. Man wird weder beobachten, dass sie große Mengen auf einmal fressen noch dass sie größere Fresspausen einlegen.

Zwischendurch werden immer wieder Wasserstellen aufgesucht. Hier nehmen sie größere Mengen frischen Wassers zu sich, 20–60 Liter pro Tag je nach Wetter und Bewegung. Ihr Verdauungssystem ist darauf ausgelegt, faserreiches Raufutter – Steppengräser – aufzuspalten und aufzunehmen. Für hoch konzentriertes, energiereiches Futter ist der Pferdekörper nicht vorbereitet. Raubtiere können dagegen sogar einige Tage ohne weiteres Futter auskommen.

Neben Steppengras ernähren sich Wildpferde weiter von Sträuchern, Rinden, Wurzeln und Kräutern, die neben ihrer Heilwirkung wichtige Vitamine, Mineralien und Spurenelemente enthalten. Sie haben ein instinktives Gespür, was ihr Körper braucht und was ihm schadet. Nachdem unsere Pferde domestiziert wurden, können sie sich heute nur noch begrenzt nach ihrem Instinkt richten. Manchmal beobachtet man bei Pferden, die unter einem Mangel leiden, dass sie Erde fressen. In der Regel sind sie aber abhängig davon, was ihnen der Mensch gibt. Dies bedeutet für einen mitdenkenden

Das Leittier führt die Herde regelmäßig an Wasserquellen. (Foto: Christiane Slawik)

Pferdehalter oder Stallbetreiber, dass er eine hohe Verantwortung hat. Er sollte nicht einfach die Versprechen einiger Futtermittelfirmen oder Tierärzte als gegeben hinnehmen, sondern sich selbst informieren (siehe auch Informationsquellen am Ende des Buches), diverse Aussagen kritisch betrachten und erst dann eine Entscheidung zum Wohl der Tiere treffen.

Die Basis einer gesunden Pferdefütterung ist das faserreiche und zuckerarme Raufutter. Dazu zählt: Heu, Stroh und Gras. Bei einer artgerechten Fütterung sollte dies ad libitum (bis zur Sättigung) zur Verfügung stehen, sodass das Pferd 17–20 Stunden am Tag fressen kann. Allerdings ist dies in wenigen Fällen möglich, da viele unserer Pferde, gerade die leichtfuttrigen, zu dick werden würden. Die Kalorienaufnahme läge deutlich über deren Verbrennung. Um die Fresszeiten zu verlängern, sollte man darauf achten, dass man Heu mit niedrigem Zuckerwert bekommt – je süßer, desto lieber und mehr wird gefressen. Da man als Einsteller hierauf meist keinen Einfluss hat, kann man alternativ das Heu – eventuell gemischt mit Stroh – in engmaschigen Heunetzen füttern. So braucht das Pferd deutlich länger, um die gleiche Menge an Heu zu fressen.

Was ist gutes Raufutter?

Nachdem das Raufutter die Basis der Pferdefütterung ist, sollte es eine sehr gute Qualität besitzen. Die Atemwege eines Pferdes sind sehr empfindlich. Ammoniak, Staub und Allergieauslöser wie Schimmelpilze im Heu, Stroh, Kraftfutter oder Einstreu kennen frei lebende Pferde nicht. Gutes Heu ist rohfaserreich, hat eine blassgrünliche Farbe, riecht gut nach Kräutern und Samen und staubt nicht. Es sollte Ende Mai bis Ende Juni – je nach Witterung – geerntet werden. Dann ist der Rohfaseranteil im Verhältnis

Bei Heunetzen ist die Maschenbreite wichtig und die Anbringung in geeigneter Höhe.

(Foto: Christiane Slawik)

zum Energiegehalt optimal, sofern der Bewuchs der Heuwiese pferdegerecht ist. Der Rohproteingehalt, der in jungem Gras besonders hoch ist, hat bis dahin konstant abgenommen, ebenso der Zuckergehalt. Durch die Grassamen ist es reich an essenziellen Omega-3-Fettsäuren. Das Heu sollte bei der Ernte idealerweise nicht einregnen, sodass es möglichst trocken und staubfrei eingebracht werden kann. Wird es zu wenig trocken eingefahren beziehungsweise in einem feuchten Milieu gelagert, kommt es leicht zur Schimmelbildung, die Allergien und Stoffwechselprobleme bis hin zu Vergiftungen auslösen kann. Früher hat man das geschnittene Gras angetrocknet und dann zur Nachtrocknung in einer Tenne lose eingebracht oder auf „Heumanderln" verteilt, damit es vom Wind schneller getrocknet wird. Dies war eine sehr schonende Art und Weise der Heuproduktion, denn Gräser und Kräuterblätter werden nicht so stark gebrochen, Grassamen und Blattanteile bleiben dem Heu erhalten und dienen dem Pferd als Nährstoffquelle. Sie ist allerdings auch extrem arbeitsaufwendig, sodass man diese Art der Trocknung heute praktisch nicht mehr findet.

Später, mit der Einführung von Maschinen, presste man das Heu zu kleinen Ballen und lagerte diese locker ein. Mit Weiterentwicklung der Maschinen kam in den letzten 15 Jahren die Umstellung auf Großballen und Quader, die zwischen 200 und 700 Kilogramm wiegen können – je nach Größe und je nachdem, wie stark sie gepresst sind. Die Problematik des „Nachschimmelns" ist bei Großballen und Quadern deutlich stärker ausgeprägt als bei Kleinballen oder loser Heulagerung.

Durch die klimatischen Veränderungen wird es immer schwieriger, Heu in guter Qualität zu produzieren. Häufig bleiben Heuproduzenten

zum richtigen Erntezeitpunkt keine drei bis vier Tage am Stück mit günstiger, trockener Witterung, um das Heu trocken genug in den Stall einzubringen. Die Folge ist, dass Heu und Stroh häufig zu früh mit noch zu hoher Restfeuchtigkeit gepresst werden. Durch das starke Pressen kann die Restfeuchtigkeit nicht entweichen und bietet ideale Bedingungen für Schimmelpilze, die man mit bloßem Auge nicht erkennen kann. Aber ihre Stoffwechselprodukte sind sehr gesundheitsschädlich für uns und unsere Pferde: Sie reizen die empfindlichen Atemwege, belasten Leber und Nieren und können Auslöser vieler Krankheiten sein – zum Beispiel Hufrehe, Kotwasser, allergische Reaktionen und andere Stoffwechselentgleisungen bis hin zu Vergiftungserscheinungen. Auf jeden Fall belasten sie das Immunsystem, auch wenn ein Pferd nicht gleich Symptome zeigt.

„Sollte die Witterung nicht stimmen, dann machen wir halt Heulage." Diese Aussage hört man in den letzten Jahren immer häufiger, da es zum passenden Zeitraum voraussichtlich keine fünf Tage schönes Wetter am Stück geben wird. Es bietet sich dann an, Heulage zu produzieren, da sie zum gleichen Zeitpunkt wie Heu geschnitten wird – anders als Silage, die aus jungem Gras weit früher gemacht wird. Gerade bei der Pferdefütterung von Allergikern wird die Heulage gern eingesetzt, weil sie nicht staubt. Auch die Lagerung ist wesentlich einfacher, weil die Heulageballen sich auf offener Fläche lagern lassen. Jedoch hat eine Heulagefütterung mehr Nach- als Vorteile: Heulage ist häufig keimbelastet mit schädlichen Bakterien, Hefen und Schimmelpilzen. Schimmelbefall ist gerade in „trockener" Heulage sehr verbreitet; die Schimmelsporen können aber nicht wahrgenommen werden, weil der typische Schimmelgeruch überlagert wird. Heulage liegt im pH-sauren Bereich, in der Regel bei pH 5 – 6, übersäuert damit den Darm und in Folge den gesamten Organismus. Durch Heulagefütterung wird die natürliche Entgiftungsfunktion gestört, und das führt zu Imbalancen im Mineral- und Spurenelementehaushalt. Vor allem Zink und Schwefel, die am Aufbau der Hornstrukturen maßgeblich beteiligt sind, gehen in den Mangel. Zudem verändert sich das Darmmilieu und es kommt zu einem Massensterben der Mikroorganismen, die Endotoxine freisetzen. Dies alles hat erhebliche Auswirkung auf den Gesundheitszustand des Pferdekörpers. Es kann zu Hufrehe, Kotwasser und Überlastungen von Leber und Nieren bis hin zu schweren Koliken kommen.

Heulagefütterung führt langfristig gesehen zu gesundheitlichen Problemen. (Foto: Christiane Slawik)

Ich gehe davon aus, dass durch die schwierigen klimatischen Veränderungen in Zukunft mehr verantwortungsbewusste Landwirte und Stallbetreiber das gewonnene Heu in Trocknungsanlagen professionell trocknen lassen. Die ersten Vorreiter gibt es bereits. Damit wird der Heupreis zwar weiter steigen, aber man schafft die besten Voraussetzungen für die langfristige Gesunderhaltung seines Pferdes.

Brauchen unsere Pferde Kraftfutter?

Dass Warmblüter oder Großpferde nicht ohne Kraftfutter auskommen, ist ein Gerücht, das sich in unseren Köpfen fest verankert hat. Die Fütterungsindustrie hat auch kein Interesse, dass dieses Missverständnis aufgelöst wird. Selbst bei Pferden, die Höchstleistungen erbringen, muss man nicht auf Kraftfutter zurückgreifen, sofern die Pferde eine ausreichende Menge (25 Kilogramm) von qualitativ hochwertigem Heu bekommen, wie auf der ENUTRACO-Konferenz 2015 von einer schwedischen Wissenschaftlerin vorgestellt wurde (http://www.wageningenacademic.com/doi/10.3920/978-90-8686-818-6_1). Aber welche Pferde werden schon so hart gefordert? Die meisten Pferde haben vielmehr nur einen Erhaltungsbedarf und sind eher zu dick als zu dünn. Somit können sie definitiv ohne Kraftfutter auskommen, sofern die Verdauung des Raufutters funktioniert.

Einige Stallbetreiber hören dies allerdings nicht gern, weil Hafer oder Kraftfutter viel einfacher zu lagern sind. Im Gegensatz dazu nehmen Heu und Stroh weit mehr Platz in Anspruch und es bedarf für die Großballen oder Quader, die es fast ausschließlich gibt, große Maschinen, um einen Ballen von A nach B zu fahren. Dazu kommt, dass der Heupreis „gefühlt" viel höher ist als der für Kraftfutter. Trotzdem sollte man

Koppen ist nicht nur eine schlechte Angewohnheit. Es schädigt die Gesundheit des Pferdes. (Foto: Christiane Slawik)

als Einsteller darauf bestehen, dass das Pferd keine größeren Kraftfuttermengen bekommt – auch wenn der Stallbetreiber 20 Euro im Monat mehr verlangt. Zum einen haben hohe Kraftfuttermengen negative Auswirkungen auf den Pferdekörper, da sich das Darmmilieu verändert, was Ursache vieler Krankheiten sein kann. Zum anderen langweilen sich Pferde viel eher, wenn sie ihren Energiebedarf über Kraftfutter stillen sollen, statt über Heu, und dadurch stundenlang nichts zu fressen haben. Kraftfutter ist viel schneller aufgefressen als Raufutter. Neue Studien belegen, dass erzwungene Fresspausen den Pferden Stress machen. Somit hat die Art der Fütterung auch einen entscheidenden Einfluss auf die Psyche unserer Pferde. Bei sich langwei-

lenden Pferden sieht man dann oft Stereotypien wie Koppen, Weben oder Zungenspielen, und bei Gruppenhaltung steigt das Aggressionsniveau und damit die Verletzungsrate.

Natürliches Mineralfutter

Natürliche Minerallieferanten sind neben dem Heu zum Beispiel Rinden, Wurzeln, Kräuter und Laub. Der Pferdekörper hat sich über Millionen von Jahren an die Verdauung von natürlicher Nahrung angepasst und kann die enthaltenen Vitamine, Spurenelemente und Mineralien optimal verstoffwechseln. Die Versorgung allein über das Raufutter reicht aber nicht aus. Wildpferde nehmen sowohl Salz als auch Mineralien aus dem Boden auf an Orten, wo

Ein Himalajasalzleckstein ist gut an seiner rosa Farbe zu erkennen. (Foto: Christiane Slawik)

diese Nährstoffe in oberflächennahen Schichten angereichert sind. Um diesen Bedarf auszugleichen, sollte bei unseren Haltungsbedingungen regelmäßig ein Mineralfutter angeboten werden.

Des Weiteren sollte immer ein natürlicher Salzleckstein zur Verfügung stehen – zum Beispiel ein Himalajasalzleckstein. Ähnlich wertvoll ist auch Meersalz in seiner Urform.

Wer regionale Produkte kaufen möchte, der kann auf den Heilbronner Salzleckstein oder einen Bergkern zurückgreifen. Synthetisch hergestellte Lecksteine, egal, ob es ein Salz- oder Mineralleckstein ist, sind wegen der verwendeten Klebstoffe nicht empfehlenswert.

Die Folgen falscher Fütterung

In meinem Postfach finde ich eine verzweifelte E-Mail vor: „Mein Wallach spielt verrückt, wenn die Pferde auf die Koppel gebracht werden. Er dreht sich nervös in der Box, wiehert und steigt vor Aufregung, sodass ich jedes Mal Angst habe, dass er sich verletzt. Er kann nicht allein sein. Ich brauche dringend Hilfe!" Die Besitzerin und ich verabreden uns extra am Abend, kurz bevor die Pferde über Nacht auf die Weide kommen, damit ich mir selbst ein Bild machen kann. Als wir vor der Boxentür stehen bleiben, sehe ich einen jungen, feingliedrigen Wallach mit viel Weiß in den Augen, was auf ein sehr sensibles Pferd hinweist.

Der filigrane Körper und die wunderschönen großen wachen Augen zeigen, dass viel Blut und Power in ihm stecken müssen. Nach einem kurzen Gespräch geben wir dem Stallbetreiber Bescheid, dass die Pferde jetzt auf die Koppel können. Gespannt stehe ich an der Box des Wallachs und beobachte die Szenerie, die sich vor mir abspielt. Ich sehe ein Pferd, das aufgeregt hin und her wippt, sich in der Box dreht und alles höchst aufmerksam verfolgt. Aber mein Gespür sagt mir: „Dieser Wallach hat nicht Angst, nein, er ist ein sehr bewegungsfreudiges Pferd, in so großer Vorfreude, jetzt auf die Koppel mit seinem Kumpel zu dürfen, dass er es vor Aufregung kaum abwarten kann, bis er endlich an der Reihe ist. Er sprüht förmlich vor Freude und Energie."

In unserem Gespräch teile ich meine Gefühle der Besitzerin mit. Sie ist zunächst erleichtert, fast froh. Um mir ein noch vollständigeres Bild machen zu können, frage ich sie nach der aktuellen Fütterung: 6 Liter Hafer, 1,5 Liter Gerste, Müsli und zweimal pro Tag Heu. Jetzt wird mir auch klar, was hier los ist. Dieser junge, gehfreudige Wallach steht viele Stunden am Tag in der Box und bekommt dazu viele Liter Kraftfutter jeden Tag. Er kann seine Energie nicht ausreichend loswerden. Gemeinsam stellen wir einen neuen Fütterungsplan zusammen, der Schritt für Schritt das Kraftfutter komplett auslaufen lässt, und gleichzeitig wird die Raufuttermenge hochgefahren, sodass er immer etwas zu fressen hat, wenn er in der Box steht. Zudem bekommt er mehr Möglichkeiten, sich zu bewegen, weil die Besitzerin auf meine Anregung hin eine Reitbeteiligung gefunden hat, die ruhige Spazierrunden im Gelände dreht. Einige Wochen später erhalte ich eine freudige Nachricht: „... Mein Wallach ist viel gelassener geworden. Natürlich hat er sein Verhalten in der Box nicht ganz abgelegt, aber ich muss mir keine Sorgen mehr um seine Gesundheit machen! Zudem, muss ich sagen, ist er viel weniger glotzig und löst sich in den Dressurstunden viel schneller. Ich bin selbst sehr überrascht, was die Fütterung ausmacht, und muss zugeben, dass ich mich zu sehr auf den Stallbetreiber verlassen habe. Die Umstellung tut ihm sichtlich gut. Herzlichen Dank ...!"

Praxistipp: Fütterung

Tipp

- Der Erhaltungsbedarf sollte ausschließlich über hochwertiges Heu und Stroh gedeckt werden.

- Lange Fresspausen vermeiden und die Fresszeiten durch Heunetze verlängern.

- Viele kleine Mahlzeiten sind dank Heunetzen auch für Boxenpferde möglich.

- Keine Heulage füttern, für Allergiker maschinell getrocknetes Heu und Stroh kaufen.

- Für einen erhöhten Energiebedarf selbst zusammengestelltes Kraftfutter füttern, zum Beispiel Hafer oder gequetschte Gerste.

- Auf Pellets, Müslis und „Pülverchen" jeglicher Art verzichten.

- Mineralfutter und naturbelassenen Salzleckstein anbieten.

- Eine ausreichende Menge sauberes, temperiertes Wasser zur freien Verfügung stellen.

Ausreichend Schlaf

Ausreichend Schlaf ist für uns Menschen extrem wichtig, damit wir genügend Energie und Kraft für den Tag haben. Jeder, der schon einmal Schlafstörungen hatte, weiß, was es heißt, wenn man sich todmüde durch den Tag schleppt und kaum richtig konzentrieren kann. Unseren Pferden geht es ähnlich. Bekommt ein Pferd über einen längeren Zeitraum nicht genügend Schlaf, hat das psychische und körperliche Auswirkungen. So kann es unruhiger und schreckhafter sein, es kann gereizter und aggressiver sein, bei der Arbeit unkonzentriert und unmotiviert und so weiter. Auch körperlich sind Pferde anfälliger für Krankheiten, weil ihr Immunsystem auf Sparflamme arbeitet. Damit Pferde fit und kraftvoll sind, brauchen sie einige Stunden Schlaf pro Tag. Eine wichtige Schlafphase findet im Stehen statt, damit sie, falls Gefahr droht, sofort fliehen können. Trotzdem brauchen gerade junge und alte Pferde auch das Schlafen im Liegen. Hier kommen sie in die REM-Schlafphase, in der man beobachten kann, wie sie wild träumen und die Erlebnisse des Tages verarbeiten. Daher sollte man als Besitzer immer, insbesondere wenn das Pferd im Offenstall wohnt, darauf achten, ob es zum Liegen kommt. Das kann man an sogenannten Liegeflecken erkennen. Denn in der Herde legen sich Pferde nur dann hin, wenn sie sich wohl und vor allem sicher fühlen.

Reproduktion

Neben dem ausgeprägten Wunsch nach Sicherheit ist die Fortpflanzung ein weiteres wichtiges Bedürfnis unserer Pferde. In den letzten Jahren

Tipp

Praxistipp: Ruhebedürfnis

- Ein rangniedriges Pferd die Nacht über in eine Box stellen.

- Ist mein Pferd für die Gruppenhaltung in einem Offenstall geeignet? Ein älteres Pferd, das die Gruppenhaltung nicht kennt, ist unter Umständen zu gestresst, um sich hinzulegen.

- Sind die überdachten Liegeflächen für die Anzahl der Pferde groß genug? Das ist besonders wichtig im Winter; im Sommer schlafen viele Pferde auch auf der Wiese oder im nicht überdachten Stallbereich.

- Für mehr Ruhe in der Gruppe sorgen: Zusammensetzung überdenken, Pferde mit ähnlichen Bedürfnissen zusammenstellen, Jungpferde- und Seniorengruppe bilden.

- Eventuell im Liegebereich Raumteiler einbauen, zum Beispiel einen großen Baumstamm, der für mehr Ruhe sorgt.

- Sind die Liegeflächen so ausgestattet, dass sich die Pferde auch hinlegen können und wollen? Auf den kalten Beton werden sich Pferde nicht legen. Liegeflächen (im Winter) können mit Sägemehl, Stroh, alternativer Einstreu, wie zum Beispiel Elefantengras*, oder mit speziellen Gummimatten beziehungsweise Pferdebetten ausgestattet sein.

* ein wertvoller Artikel zum Thema Einstreu ist in der Natural Horse 04/2015 von Uwe Lochstampfer erschienen.

Das ist gemütlich ... (Foto: Christiane Slawik)

Momentaufnahme: Ein Nickerchen auf der Koppel

Ein dösendes oder schlafendes Pferd, das entspannt im hohen Gras auf der Seite zwischen seinen wachenden Kumpeln liegt und ruht, ist zufrieden. Es ist ein Zeichen, dass es sich in seiner Herde wohl und sicher fühlt, ihr gänzlich vertraut.

kann man durch die Barockreiterszene einen klaren Trend zur Hengsthaltung hin erkennen. Durch die Testosteronbildung haben Hengste wallende Behänge, sind kräftig bemuskelt und bewegen sich ausdrucksstark. Allerdings werden sie oft keineswegs artgerecht gehalten, obwohl sich die Bedürfnisse nicht von einem anderen Pferd unterscheiden. In kleinen, dunklen, hoch vergitterten Boxen ohne sozialen Kontakt fristen sie ein armseliges Dasein. Es wird ihnen versagt, sich frei auf großen Ausläufen zu bewegen, sie haben keinen sozialen Kontakt zu anderen Pferden und bekommen keine artgerechte Fütterung mit Raufutter ad libitum. Das führt oft zu Stereotypien, körperlichen und psychischen Erkrankungen wie Weben, Resignation oder Magengeschwüren. Je länger ein Hengst isoliert lebt, desto schwieriger wird es, ihn wieder in eine Herde zu integrieren. In der freien Wildbahn gibt es neben den Familienverbänden mit einem Hengst, einigen Stuten und ihren Jungtieren sogenannte Junggesellenherden. Diese schließen sich zusammen, bis sie erfahren und kräftig genug sind, sich eine eigene Stute zu erkämpfen.

Dabei zeigen einige Beispiele, dass es durchaus möglich ist, auch Hengste integriert in einer Herde zu halten. Die Schweiz geht voran: An der Forschungsanstalt Agroscope Liebefeld-Posieux ALP-Haras wurden in einem Versuch Hengste erfolgreich in einem Offenstall integriert. Aber die Gruppenhaltung von Hengsten ist keineswegs leicht und braucht Wissen, Erfahrung und die entsprechenden Örtlichkeiten. Solange keine Stuten in Sichtweite sind, die Rivalitäten auslösen, und der Auslauf großzügig angelegt ist, leben sie ihr soziales Verhalten genauso wie in der Natur aus – friedlich und freundschaftlich.

Nur sehr wenige Einstellbetriebe bieten eine artgerechte Haltung von Hengsten im Herdenverband an. Daher rate ich zum Wohl des Hengstes zur Kastration, wenn sich in der Nähe kein solcher Stall befindet. So kann er einige Monate danach, wenn die Hormone abgebaut sind, meist gut in eine Herde integriert werden. Auch Stuten haben den Wunsch, Nachwuchs zu bekommen. In der rossigen Zeit fahren die Hormone Karussell und lassen Stuten zu hochsensiblen Zicken werden. An solchen Tagen sollte man sie einfach Pferd sein lassen oder weniger fordern. Im Gegensatz zu einem Hengst kann man sie aber trotz Rosse artgerecht im Herdenverband halten.

Praxistipp:
Das Bedürfnis nach Fortpflanzung

- Auch Hengste brauchen einen Koppelgang, am besten mit einem oder mehreren Wallachen, Stuten dürfen aber nicht in Sicht- oder Geruchsweite sein. Die Zusammenführung mithilfe eines Profis ist empfehlenswert.

- Ist eine artgerechte Hengsthaltung nicht möglich, rate ich zur Kastration.

- Stuten sollte man an rossigen Tagen weniger fordern.

Eine tiefe Verbundenheit ... (Foto: Christiane Slawik)

Momentaufnahme: Stute im Mutterglück

Seit drei Tagen ist endlich ihr eigenes Fohlen da. Jahrelang hat sie die anderen Stuten beneidet und wollte auch selbst immer Nachwuchs, aber es wurde ihr verwehrt, weil sie erst einmal für den Sport eingesetzt wurde. Jetzt steht sie mit drei weiteren Zuchtstuten und deren Babys auf der Koppel. Sie ist total wach, immer beobachtend, was im Außen passiert, und lässt ihren kleinen Liebling nicht aus den Augen. Nähert sich eine der anderen Stuten, legt sie flach die Ohren an und sagt: „Halte Abstand von meinem Kleinen!" Das Pferdebaby kommt immer wieder zu seiner Stute, sie stupsen sich gegenseitig an und es geht zielstrebig an das Euter seiner Mutter, um genüsslich zu trinken. Man kann die tiefe Verbindung, die Liebe und das Mutterglück der Stute spüren.

Die seelischen Grundbedürfnisse

Pferde sind von Natur aus Wesen, die Harmonie lieben. Ihr Herdenverband gibt ihnen Schutz und Sicherheit. Eine streitende Wildpferdeherde hätte nicht lange überlebt. Geschlechtsreife Junghengste, die für Unruhe sorgen, werden von der Herde separiert. Oft tun sie sich mit anderen Junggesellen zusammen, bis sie stark genug sind, sich eine Jungstute zu erkämpfen, mit der sie ihre eigene Pferdefamilie gründen. Jedes Pferd der Herde hat seinen Rang und damit auch seine Aufgaben und Pflichten. Die Herdenchefs sind erfahrene, selbstbewusste, souveräne Tiere: Die Leitstute führt die Herde, sie kennt Futter- und Wasserstellen und entscheidet über Richtung, Geschwindigkeit, wo und wie lange gefressen und getrunken wird. Sie lenkt ihre Herde ohne jegliche Druckmittel, die restlichen Herdenmitglieder folgen ihrer Anführerin, ohne sie zu hinterfragen. Der Leithengst ist der Beschützer der Herde gegenüber Angreifern und Rivalen, er treibt Nachzügler voran und hält so die Herde zusammen. Kleinste körperliche Signale reichen aus, um sich zu verständigen. Wenn man eine solche Herde beobachtet, spürt man den Zusammenhalt und das Füreinander-da-Sein – keiner schert aus, sondern man hat das Gefühl von Einheit, Sympathie und Wärme.

Die richtige Herdenzusammenstellung

Bei unseren domestizierten Pferden erlebe ich immer wieder Herden, in denen eine große Unruhe herrscht. Viele Pferde haben Biss- sowie Schürfwunden und Verletzungen. Beim Beobachten der Herde spüre ich die negative Stimmung von Aggression und Angst unter den Pferden: Mit weit aufgerissenem Maul geht eins der Pferde auf ein anderes los. Das Opfer schießt los, um dem Angriff zu entkommen. Alle anderen Pferde springen wie von der Tarantel gestochen ebenfalls weg, um nicht selbst gebissen zu werden. In einem ruhigeren Moment fühle ich, wie gestresst und erschöpft manche Pferde sind: Sie stehen da mit hängendem Kopf, müden Augen, denen jeglicher Glanz fehlt. Aber wie kommt es zu so einer Unruhe in einer Herde? In vielen Fällen ist der Herdenchef für diese große Aufgabe – seine Herde zu führen und zu beschützen – nicht geschaffen beziehungsweise noch zu unerfahren. Er ist mit dieser Verantwortung überfordert und gibt den Druck an seine Herdenmitglieder weiter. Solche Pferde fühlen sich gezwungen, diese Aufgabe zu übernehmen, weil sich kein anderes Pferd in der Herde für diesen Job eignet. Sie führen aber nicht mit Selbstvertrauen und Souveränität, sondern mit Angst, sie beißen und schlagen um sich. Hier muss der verantwortungsbewusste Stallbetreiber eingreifen und zum Wohl aller Herdenmitglieder die Herdenzusammensetzung umgestalten.

Bei einer Herde, die harmoniert, spürt man den Zusammenhalt: Befreundete Pferdepärchen stehen eng beieinander, grasen genüsslich

und schnauben immer wieder zufrieden ab. Kommt der Ranghöhere, braucht er nur kleinste nonverbale Signale, und das andere Pferd geht in Ruhe, aber sofort aus dem Weg. Es herrscht eine ruhige und entspannte Atmosphäre. Den Herdenmitgliedern sieht man auch optisch an, dass sie sich wohlfühlen in ihrer Familie: Sie haben wache Augen, ihr Fell glänzt, sie haben so gut wie keine Macken (Bisswunden), sehen gesund und zufrieden aus.

Immer wieder findet man Pferdefreunde, die sich ähnlich sehen und die gleiche Fellfarbe besitzen. (Foto: Christiane Slawik)

Momentaufnahme: Pferdefreundschaften

Zwei Pferdefreunde, die ganz eng beieinanderstehen und sich abwechselnd oder gegenseitig am Widerrist oder Hals kraulen. Die beiden Hälse werden immer länger, die Oberlippe formt sich vor Genuss zu einem Rüssel. Beide genießen das gegenseitige Fellkraulen, den entspannten Moment unter Freunden sehr.

Die Rolle der Haltung

Ein gut geführter Offenstall kann alle Grundbedürfnisse eines Pferdes, die ich eingehend beschrieben habe, befriedigen. Ausnahmen bestätigen wie immer die Regel. Es gibt Pferde, die im Offenstall zu viel Stress haben, weil sie beispielsweise als Jungpferd nicht oder zu wenig sozialisiert wurden. In solchen Fällen muss man nach anderen individuellen Lösungen suchen. Das könnte eine Zweierhaltung oder eine Einzelhaltung in einer großen Paddockbox mit täglichem Koppelgang in der Herde sein. Hier muss man unter Umständen etwas herumprobieren, gut beobachten und spüren, was für dieses Pferd am besten ist.

Allgemein haben meine Erfahrungen gezeigt, dass ein zufriedenes und glückliches Pferd viel offener im Kontakt mit seinem Menschen ist. Sogenannte Problempferde sind oft dadurch schwierig geworden, weil die Menschen ihre Bedürfnisse nicht erkennen und nicht erfüllen. Viele Schwierigkeiten lösen sich fast von allein, wenn ein Pferd wieder mehr Pferd sein darf.

Eine Kundin mit einem siebenjährigen Wallach wendet sich verzweifelt an mich: „Er beißt mich immer wieder, beim Führen reißt er sich los,

Ein gut geführter Offenstall kommt der Natur des Pferdes am nächsten. (Foto: Christiane Slawik)

beim Longieren dreht er sich ständig zur Mitte, allein mit ihm ins Gelände zu gehen ist undenkbar." Die Besitzerin war am Ende mit ihrer Kraft und ihren Nerven. Bei unserem ersten Treffen spürte ich die Verzweiflung noch viel mehr, als sie in der E-Mail durchkam. „Wenn es so weitergeht, muss ich ihn verkaufen. Ich kann nicht mehr! Aber eigentlich will ich ihn nicht hergeben. Ich liebe ihn doch!" Wir schauten uns gemeinsam im Stall um und ich machte mich gedanklich auf die Reise mit der Frage: Was sind die Auslöser, dass ein Pferd so aufbegehrt? Nach unserem ersten Treffen war mir klar, dass es sich um einen blütigen Wallach im Flegelalter handelt, der zu wenig Bewegung hat, seinen Spieltrieb nicht ausleben kann, weil die anderen Pferde alles Rentner sind, die aus gesundheitlichen Gründen nur noch wenig Lust am Spielen haben. Zusätzlich bekommt der junge Kerl noch Kraftfutter.

Zunächst versuchte ich im Gespräch herauszufinden, ob es Möglichkeiten gibt, die Situation innerhalb des Hofes zu verbessern. Aber die Fronten zwischen den Menschen waren bereits so verhärtet, dass eine positive Veränderung hier nicht mehr möglich war. Die Besitzerin hatte innerlich schon abgeschlossen und war auf der Suche nach einem neuen Unterstellplatz. Als sie mir telefonisch einige Wochen später erzählte, dass sie einen neuen Stall gefunden hat und dort bald mit ihrem Pferd einzieht, war ich erst einmal erleichtert. Als ich dort ankam, war die Erleichterung allerdings schlagartig verflogen. Sie hatte ihren Wallach aus der Herde in eine dunkle Box gestellt – ohne viel Auslauf. Mir schien, dass alles, was wir besprochen hatten, nicht angekommen war, und ich war etwas ratlos. Meine Befürchtung war, dass bei dieser Haltung auch die erzielten positiven Veränderungen wieder verschwinden würden. Die Realität war, dass es noch schlimmer wurde als erwartet.

Nach nur wenigen Wochen war ihr Pferd für sie selbst nicht mehr zu handeln, an Reiten war nicht mehr zu denken! In meiner direkten Art sprach ich mit ihr über das Geschehene.

Tipp

Praxistipp: Checkliste für einen guten Offenstall

- Wie viele Pferde sind in dem Offenstall beziehungsweise in ein der Herde? Masse oder Klasse? Mehr als 30 Pferde in einer Gruppe halte ich für zu viel.

- Ist die Gestaltung des Offenstalls geräumig und ohne tote Ecken? Rangniedere Pferde müssen trotz des begrenzten Platzes immer gut ausweichen können. Es muss eine ausreichende Anzahl an Futterstellen vorhanden sein – möglichst etwas verteilt, damit rangniedere Pferde entspannt fressen können.

- Wie hoch ist die Fluktuation? Und wie werden Neuankömmlinge integriert? Neue Pferde sollten in den Sommermonaten integriert werden, wenn die Koppeln offen sind und der Raum zum Ausweichen größer ist – auf keinen Fall bei gefrorenem, glattem Boden. Ein ständiger Wechsel schafft zu viel Unruhe zwischen allen Herdenmitgliedern. Die Rangordnung muss ständig neu geklärt werden, was oft zu Verletzungen führt. In guten Ställen wechselt kaum jemand.

- Ist das Platzangebot für die Anzahl der Pferde ausreichend? Gibt es eventuell Engstellen, die gefährlich werden können?

- Was wird als Grundfutter gefüttert und wie oft am Tag? Futterpausen, die länger als vier Stunden sind, sollten vermieden werden. Die Aggression zwischen den Pferden nimmt dann deutlich zu, die Verletzungsgefahr wird größer und es kann durch lange Fresspausen zu Magengeschwüren kommen.

- Sind die Böden befestigt und, wenn ja, mit welchem Belag? Viel Beton plus Sand bedeutet viel Abrieb für Barhufer. Viele unterschiedliche Böden regen das gesunde Hufwachstum an. Ist der Auslauf nicht befestigt, kann man davon ausgehen, dass die Pferde in regenreichen Zeiten tief im Matsch und Dreck versinken.

- Sind hinten beschlagene Pferde erlaubt? Vorsicht, Verletzungsgefahr! Für die Integration sollten alle Pferde barhuf oder zumindest hinten mit Kunststoffeisen versehen sein. Keine Zusammenführung geht ganz glimpflich ab und so können schwerere Verletzungen meist vermieden werden.

- Passt Ihr Pferd in die Herde? Kann es Gleichgesinnte finden? Einen jungen Wallach in eine Herde mit kranken Senioren zu stellen, macht zum Beispiel keinen Sinn.

• *Schauen Sie sich die eingestellten Pferde an. Fällt Ihnen etwas auf? Wie ist der Futterzustand der meisten Pferde oder husten mehrere?*

• *Wohnt jemand am Stall, der regelmäßig durch den Stall geht und schaut, ob es allen Pferden gut geht?*

• *Unterhalten Sie sich mit den Einstellern. Ist Sympathie da?*

• *Kommen Sie öfter vorbei und spüren tief in sich hinein. Ist der Stall ein Ort, an dem Sie sich wohlfühlen? Nur wenn Sie diese Frage klar mit einem Ja beantworten können, sollten Sie den Umzug in diesen Stall in Betracht ziehen. Wenn es zwischenmenschlich nicht harmoniert, harmoniert es auch häufig zwischen den Pferden nicht. Und es sollen sich beide Seiten wohlfühlen:*

Mensch und Pferd!

Wir vereinbarten, dass wir uns gemeinsam auf die Suche nach einem passenden Stall machen. Und glücklicherweise wurde ich relativ schnell fündig. Nicht weit entfernt von ihrem Wohnort wurde ein neuer kleiner Offenstall eröffnet. Zwar ist jeder Stallwechsel mit sehr viel Stress für das Pferd verbunden, aber in diesem Fall kamen wir um einen erneuten Wechsel nicht herum. Als der Wallach drei Wochen im neuen Offenstall stand, hatten wir unser nächstes Training vereinbart.

Schon am Parkplatz kam mir eine überglückliche Besitzerin mit strahlendem Gesicht entgegen: „Caroline, ich erkenne mein Pferd fast nicht mehr. Er ist verschmust und kuschelig, ich kann ihn ohne Halfter zum Putzplatz führen, kleine Runden im Gelände sind kein Problem … Ach, ich genieße es so sehr!"

Manchmal glaube ich, dass man erst durch die harten und schlechten Erfahrungen gehen muss, um hinterher das Glück noch mehr erleben zu dürfen. Sowohl die Besitzerin als auch ihr Wallach strahlten eine solche Gelassenheit und Dankbarkeit aus, dass ich von großer Freude erfüllt war.

In den vorherigen Ställen hätte man den Wallach mit Härte, Angst und Gewalt schon gefügig machen können und auch mit diesem Stallwechsel waren nicht alle Schwierigkeiten beseitigt. Aber dadurch, dass die Bedürfnisse des Wallachs nun mehr gestillt wurden, war er viel offener und „ansprechbarer" für unser gemeinsames Training geworden.

Leider ist es so, dass die gut geführten Ställe sehr rar sind und man sucht sie förmlich wie die Nadel im Strohhaufen. Im Folgenden habe ich einige Punkte aufgeschrieben, die die Suche beziehungsweise Auswahl eines neuen Stalls erleichtern sollen.

Achtsamer Umgang und Training:
Der Körper

Pferde können nur dann glücklich und zufrieden sein, wenn sie schmerzfrei leben. Akute Schmerzen erkennt man meist schnell: Das Pferd geht stark lahm, schlägt nach seinem Bauch, wirft sich auf den Boden, liegt viel und ist dabei stark verschwitzt – um nur einige Anzeichen für akute Schmerzen zu nennen. Viel schwieriger zu registrieren sind chronische Schmerzen. Sie kommen langsam, schleichend und vor allem leise. Pferde haben keine Schmerzlaute, leiden stumm und oft viele Jahre unbemerkt. In der freien Natur ist das überlebenswichtig, weil sonst sofort Raubtiere auf sie aufmerksam würden und die kranken Pferde ihnen schnell zum Opfer fielen. Um chronische Schmerzen zu erkennen, ist ein Pferd auf einen achtsamen Menschen angewiesen, der sein Pferd gut kennt, beobachtet und Veränderungen – vom Verhalten oder körperlicher Natur – nicht als Untugend oder Unwille leicht abtut, sondern überlegt und forscht, was dazu geführt haben könnte. Die Palette von Anzeichen für Schmerzen ist lang und reicht von plötzlichem aggressiven Verhalten, weniger Bewegungsfreude, verhärteter Muskulatur bis zu Steifheit, von vermehrtem Durchgehen unter dem Sattel bis zum Abbuckeln. Weitere Hinweise sind Verhaltensänderungen jeglicher Natur, entlastende Stellungen oder ein veränderter Gesichtsausdruck – wie ein abwesend wirkender Blick oder eingesunkene, klein wirkende Augen. Ist die Ursache gefunden, sollte immer nach einer individuellen Lösung gesucht werden: Eventuell muss man das Training umstellen, den Sattel ändern oder die Fütterung anpassen – um nur ein paar wenige Beispiele zu nennen.

Gesunde Hufe – ein Plädoyer für barhuf

Ein altes Sprichwort sagt: „ Ohne Huf kein Pferd!" Das will sagen: Wenn die Hufe eines Pferdes nicht in Ordnung sind, hat das negative Auswirkungen auf den gesamten Pferdekörper. Schmerzt ein Huf, wird das Pferd vermehrt sein Gewicht auf die übrigen drei Beine verteilen, um den Schmerz zu mindern. Die Folgen davon sind Überanstrengungen bestimmter Muskelpartien, Verspannungen, Blockaden, Änderungen im Bewegungsablauf bis hin zu Verhaltensauffälligkeiten.

Der gesündere und natürliche Weg ist, ein Pferd barhuf laufen zu lassen. (Foto: Christiane Slawik)

An dieser Stelle möchte ich von einem Erlebnis erzählen, das sehr klar zeigt, wie wichtig die richtige Hufbearbeitung für ein Pferd ist: Vor einigen Jahren hatte ich eine Kundin mit einem schweren Friesen des alten Schlags. Es war ein junger Wallach, der mit seinen fünf Jahren gerade im Flegelalter war und vor Kraft nur so strotzte. Da die Besitzerin ein zweites Pferd besaß, eine Haflingerstute, ritten wir immer gemeinsam aus. Zum damaligen Zeitpunkt war der Friese mit Spitznamen Ombre vorn beschlagen, hinten barhuf. Der Schmied war der Meinung, dass es vorn nicht ohne Eisen ginge. Bei den Ausritten hatte ich immer meine Mühe, hinter dem Haflinger herzukommen, ich musste treiben

und treiben. Genuss ist etwas anderes. Nachdem sich Ombre im Frühjahr – es war gerade die Zeit, zu der die Böden sehr nass waren – zum dritten Mal ein Eisen heruntergezogen hatte, entschloss sich die Besitzerin zusammen mit einem neuen Hufbearbeiter, es doch barfuß zu probieren. Anfangs sah man, dass Ombre sehr fühlig lief, er suchte die weichen Böden und ging sehr vorsichtig über Kiesböden mit spitzeren Steinen. Aber nach circa zwei Monaten – was für eine Umstellung auf barhuf sehr kurz ist, ein Huf benötigt im Schnitt ein Jahr, um einmal ganz herunterzuwachsen – hatte sich Ombre sichtlich daran gewöhnt. Viele Friesen haben von Natur aus sehr harte Hufe und sind eher schmerzunempfindlich. Das hat bei Ombre sicherlich dazu beigetragen, dass die Umstellung so schnell ging.

Generell wird der Huf durch das Barhuflaufen auf unterschiedlich harten Böden viel mehr durchblutet als mit Hufeisen. Durch die deutlich bessere Hufbiomechanik, die für die „Massage" der Lederhäute und damit für die Durchblutung im Huf sorgt, wächst härteres, unempfindlicheres Horn nach. Hierzu gibt es Aufnahmen mit Wärmebildkameras, die eine wesentlich bessere Durchblutung des Hufs ohne Eisen beweisen.

Bei Ombre nahm die Fühligkeit zur großen Freude aller ab. Der Friese wurde auf einmal zu einem sehr bewegungsfreudigen Pferd, das ich keineswegs mehr treiben musste. Ganz im Gegenteil, ich musste ihn ab und zu sogar zurückhalten. Er wollte nur noch galoppieren. Dieses Erlebnis zeigt mir, dass Ombre sich vorher mit den Eisen beim Laufen nicht wohlfühlte oder sogar Schmerzen haben musste. Durch das Abnehmen der Eisen konnten die Hufe besser in Form gehalten werden und es ging ihm um so vieles besser, dass wir alle von seiner neu gewonnenen Bewegungsfreude beglückt waren. Sehr berührende Momente, wenn ein Pferd auf einmal so aufblüht.

Es ist der natürlichere und gesündere Weg, ein Pferd barhuf gehen zu lassen. Daneben hat es einige Vorteile: Die dreidimensionale Hufbiomechanik funktioniert uneingeschränkt, der Huf wird deutlich besser durchblutet und mit Nährstoffen versorgt, die Pferde werden trittsicherer, weil sie mehr tasten und fühlen können, die Verletzungsgefahr wird kleiner und der Hufbearbeiter kann die Hufe besser in ihrer Form und Funktionalität erhalten. Viele Pferde können zumindest hinten auch gut ohne Eisen geritten werden. Voraussetzung dafür ist, dass die Hufe täglich gepflegt, professionell bearbeitet werden und das Pferd artgerecht gefüttert wird. Bei der Frage „Hufschutz ja oder nein?" kommt es immer auf die Beschaffenheit des Stalls beziehungsweise des Auslaufs und die Nutzung des Pferdes an. So wird ein Kutschpferd, das viel über asphaltierte Straße laufen muss, ohne Beschlag nicht auskommen. Der Abrieb wäre viel zu hoch. Aber wenn ein Beschlag, aus welchen Gründen auch immer, notwendig ist, muss er so angebracht sein, dass er das Pferd unterstützt und ihm keine Schmerzen zufügt. Ein Huf darf nicht durch ein Hufeisen extra klein gehalten werden, so wie es teilweise praktiziert wird, weil die Mode sagt: Kleine Hufe sehen schicker aus.

Wenn ein Beschlag unumgänglich ist, sollte man aber immer wieder die Eisen abnehmen – beispielsweise über die Wintermonate. Diese Pause brauchen die Hufe, um regenerieren zu können. Bei einem Pferd, das immer beschlagen ist, werden die Hornqualität und das Wachstum langfristig gesehen deutlich abnehmen.

Tipp

Praxistipp: Umstellung auf barhuf

- *Bevor man die Hufeisen abnehmen lässt, sollte einem klar sein, dass sich die Hufe erst wieder daran gewöhnen müssen. Der Umstellungszeitraum, bis das Pferd nach Abnahme der Eisen wieder voll einsetzbar ist, kann bis zu einem Jahr dauern. In dieser Zeit wächst das Hufhorn einmal vom Kronrand bis zur Zehe durch.*

- *Je kürzer ein Pferd in seinem Leben beschlagen war, umso größer ist die Chance, dass die Umstellung leichter vonstatten geht.*

- *Wenn die Hufeisen abgenommen werden, sind viele Pferde erst einmal sehr fühlig. Das ist normal. Das Pferd sollte die ersten Wochen bis Monate ausschließlich auf weichem, nachgiebigem Boden stehen. Unebene, harte und abrasive Böden unbedingt vermeiden!*

- *Professionelle Hufbearbeitung und Betreuung durch einen Fachmann, der auf die Barhufbearbeitung spezialisiert ist und bei auftretenden Problemen helfen kann, ist notwendig.*

- *Laufen über härtere, unebene Böden erst nach einigen Monaten beginnen und langsam steigern.*

- *Für den Übergang können unter Umständen während des Reitens Hufschuhe helfen. Diese müssen aber von einem Experten angepasst werden, damit sie weder scheuern noch verloren gehen.*

41

Damit das Pferd gesund und fit bleibt, müssen die Zähne im Schnitt einmal pro Jahr abgeschliffen werden. (Foto: Christiane Slawik)

Eine gute Hufbearbeitung ist ein wichtiger Faktor, der zur Gesunderhaltung und zum Wohlbefinden unserer Pferde entscheidend beiträgt, und darf keineswegs unterschätzt werden.

Auf den Homepages der BESW, der Deutschen Huforthopädischen Gesellschaft (DHG) und der Gesellschaft der Huf- und Klauenpflege (GdHK) finden sich Hufbearbeiter, die für die Barhufbearbeitung ausgebildet sind:

- www.besw.de
- www.dhgev.de
- www.gdhk.org

(Diese Liste hat keinen Anspruch auf Vollständigkeit.)

Zähne – regelmäßig kontrollieren

Für das Wohlbefinden unserer Pferde ist nicht nur eine regelmäßige professionelle Hufpflege wichtig, sondern auch, aber oft noch unterschätzt, die regelmäßige Kontrolle und Behandlung der Zähne.

Der Pferdezahn wächst bis zum siebten Lebensjahr des Pferdes. Ab diesem Zeitpunkt wird das Zahnwachstum für immer eingestellt, der Zahn hat sein maximales Längenwachstum erreicht und schiebt nun kontinuierlich durch das Zahnfach in die Maulhöhle. Durch die Mahltätigkeit und den damit verbundenen Abrieb verkürzt sich der Pferdezahn pro Jahr um etwa

2–4 Millimeter – je älter ein Pferd wird, desto kürzer wird sein Zahn.

Wildpferde fressen strukturreiches, hartes Steppengras, 17–20 Stunden am Tag. Um dieses grobfaserige Material zu zermahlen, sind großflächige und weite Mahlbewegungen über die gesamte Zahnoberfläche nötig. Unsere domestizierten Pferde dagegen bekommen zwei- bis dreimal strukturarmes, weiches und energiereiches Futter wie Gras, Heu und Kraftfutter. Das hat zur Folge, dass die ständig nachschiebenden Zähne durch eine eingeschränkte Mahlbewegung aufgrund der weicheren Nahrung zu wenig und ungleichmäßig abgenutzt werden. So kommt es in vielen Fällen zur Bildung sehr scharfer Kanten beziehungsweise Haken an den Backenzähnen – im Oberkiefer meistens an der Außenkante zur Backe hin und im Unterkiefer an der Innenkante der Backenzähne in Richtung der Zunge. Daraus resultierend können Verletzungen und sehr schmerzhafte Wunden an der Zunge und in der Backenschleimhaut entstehen. Teils massive Probleme im Kauverhalten und Rittigkeitsprobleme können die Folgen sein.

Das Runden von Ecken und Kanten und das Ausfräsen von Haken und Spitzen der Backenzahnreihen stellen jedoch nur einen Teilbereich der gesamten Zahnbehandlung dar. In der Folge geht es insbesondere auch um die (Wieder-) Herstellung eines Gleichgewichts zwischen Kiefergelenk, Backenzähnen und Schneidezähnen des Pferdes.

Liegen die Schneidezähne aufeinander, sollten die Backenzähne des Ober- und Unterkiefers als jeweils gleichmäßig hohe Zahnreihen ohne Wellen, Stufen oder Treppen losen Kontakt miteinander haben. Nur so kann das Pferd seine Nahrung gut, in alle Richtungen und mit geringstmöglichem Druck zermahlen. Sind die Schneidezähne zu lang, entsteht ein Spalt zwischen den Backenzähnen. Das Zermahlen des Futters ist dann nur noch unter enormem Druck möglich. Infolge einer massiven Drucküberlastung kann es zu starken Schmerzen im Kiefergelenk mit nachfolgenden Verspannungen über den Hals und den Rücken bis in die Hinterhand kommen. Die Schneidezähne können sich aufgrund des Überdrucks schmerzhaft entzünden und kippen dann häufig schnabelförmig nach vorn aus den Zahnfächern. Nur durch eine Optimierung der Okklusion und das gegebenenfalls damit verbundene Kürzen der Schneidezähne erreicht man das Ziel einer professionellen Zahnbehandlung – die Balance im Pferdemaul. Unter Okklusion versteht man den Kontakt zwischen den Zähnen des Ober- und Unterkiefers.

Die Folgen mangelnder Zahnkontrolle können sein:

- Schmerzen mit dem Gebiss während des Reitens

- Muskelschmerzen im Kieferbereich durch die eingeschränkte Kaubewegung

- Schlechtes Verwerten des Futters, was zum Abmagern führen kann

- Probleme mit der Losgelassenheit, Verspannungen bis in den Rücken

Was sind typische Anzeichen für Zahnprobleme?

- „Heuwickel" fallen beim Fressen aus dem Maul

- Verletzungen an der Zunge und Backenschleimhaut

Das Glücksrad ist nur eine gebisslose Variante von vielen. (Foto: Christiane Slawik)

Tipp

Praxistipp: Zähne

- *Regelmäßige Kontrolle und Behandlung der Zähne*

- *Behandlung durch einen IGFP-geprüften Pferdezahnspezialisten*

- *Fütterung anpassen: viel strukturreiches Raufutter für mehr Zahnabrieb, wenig bis kein Kraftfutter*

- Probleme beim Auftrensen

- Probleme beim Stellen und Biegen

- Schmerzgesicht und Kopfscheuheit

- Langsames Fressen

- Gewichtsverlust

Aber wer sollte die Zahnbehandlung beim Pferd durchführen? Tierarzt, Dentist oder Pferdedentalpraktiker? Pferdebesitzer, die auf der Suche nach einem qualifizierten Pferdezahnexperten sind, haben die Möglichkeit, über die Internationale Gesellschaft zur Funktionsverbesserung der Pferdezähne (IGFP) einen geprüften Spezialisten in ihrer Nähe zu finden: www.igfp-ev.de.

Gebiss – passend oder ohne

Grundsätzlich ist das Pferdemaul eines der empfindlichsten Stellen des Pferdes. Anatomisch betrachtet ist im Pferdemaul kein Platz für ein Trensengebiss, da die fleischige Zunge den kompletten Hohlraum einnimmt. Trotzdem werden die meisten unserer Pferde, unabhängig von der Disziplin, mit Gebiss geritten.

Früher, zu Zeiten der alten Reitmeister, bekam jedes Pferd zu Beginn seiner Ausbildung ein eigens angepasstes Gebiss von einem Gebissschmied. Die Ausbildung zu diesem Beruf gibt es heute leider nicht mehr, und es gibt nur noch wenige Verbliebene, die diese Zunft ausüben. Heutzutage gehen wir in einen Reitsportladen und kaufen ein Gebiss, von dem wir annehmen, es könnte passen. Man geht von allgemein gültigen Meinungen aus – zum Beispiel, dass ein dickes Gebiss immer weicher ist als ein dünnes. Dies ist allerdings nicht richtig. Wie weich ein Gebiss ist, hängt von der Hand des Reiters und davon ab, ob es passend im Maul liegt. Ein für das Pferdemaul zu dickes Gebiss kann dem Pferd dauernde Schmerzen zufügen. Oft wird das Unwohlfühlen des Pferdes mit dem Gebiss verkannt oder übergangen und man schnürt es enger zu oder greift zu anderen Zwangsmaßnahmen, die das Zungenspiel verhindern sollen. Für mich ist das Tierquälerei. In den letzten Jahren gibt es mehr und mehr Angebote für gebisslose Zäumungen: Glücks-

rad, Hackamore oder Sidepull – um nur ein paar zu nennen. Grundvoraussetzung sollte unbedingt sein, dass das Pferd eine gute Ausbildung hat und der Reiter erfahren ist. Wenn das zutrifft, sollte man es einfach einmal ausprobieren, wie es sich anfühlt, ohne Gebiss zu reiten. Meine Erfahrung hat gezeigt, dass sich viele Pferde ohne Gebiss viel wohler fühlen und entspannter laufen.

Tipp: Vorher unbedingt bei der Pferdehaftpflichtversicherung anfragen, ob auch das Reiten ohne Gebiss mitversichert ist.

Praxistipp: Das passende Gebiss

- *Kopfschlagen und Widersetzlichkeit beim Reiten kann auch am falschen Gebiss liegen.*

- *Manche Pferdezahnspezialisten bieten eine Gebissberatung mit an.*

- *Viele unterschiedliche Gebisse (unterschiedliche Materialien und Formen) ausprobieren und genau beobachten, wie es dem Pferd damit ergeht.*

- *Es gibt mittlerweile viele gebisslose Zäumungen – eventuell eine gute Alternative.*

Hier sieht man Jungpferde auf der Flucht: Die Köpfe sind oben, die Schultern sind nach unten gedrückt und das meiste Gewicht ist auf der Vorhand! (Foto: Christiane Slawik)

Pferderücken – gesund und stark

Von Natur aus sind Pferde Fluchttiere und besitzen eine besondere körperliche Fähigkeit: Sie sind extrem schnell, um sich vor ihren natürlichen Feinden schützen zu können. Auch nach dem Domestizieren sind diese Fluchttierinstinkte tief in unseren Pferden verankert. Wenn ein Pferd eine Gefahr spürt, trägt es zur Witterungsaufnahme den Kopf erhoben. Dadurch werden die Schultern nach unten gedrückt und es läuft mit dem meisten Gewicht auf der Vorhand. Gerät es jetzt in Panik und flieht, bleibt es lange mit der Hinterhand am Boden, um auf maxi-

male Geschwindigkeit anschieben zu können. In dieser Situation ist der Rücken durchgedrückt und die Hinterbeine werden nach hinten ausgestreckt. Schon Gustav Steinbrecht schreibt: „Das Pferd, das mit der Hinterhand lange auf dem Boden bleibt – sie nach hinten ausstreckt –, hat den Rücken durchgedrückt" (siehe Schöneich 2010, S. 18).

Das ist ein ganz normales Verhalten und stört auch nicht, solange das Pferd nicht geritten wird. Wollen wir aber reiten, ist es unsere Aufgabe und Verantwortung, in der Ausbildung unserem Pferd ein neues Körpergefühl zu vermitteln – ihm zu zeigen, wie es uns gesund und

> *Das Wissen um die wahre Natur der Pferde ist die erste Grundlage der Reitkunst und jeder Reiter muss daraus sein Hauptfach machen.*
>
> *François Robichon de la Guérinière*

entspannt tragen kann. Das Motto: Erhalte die Bewegungskompetenz des Pferdes beziehungsweise zeige ihm, wie es sie wieder zurückgewinnen kann. Dazu gehört, dass die Vorderlastigkeit und die natürliche Schiefe im Lauf der Ausbildung ausgeglichen werden. Erst dann kann das Pferd den Reiter ausbalanciert und gesund tragen. In den letzten 10–15 Jahren wurde das Wissen der alten Reitmeister wie Xenophon, Antoine de Pluvinel, Herzog William Cavendish, Viscount of Newcastle, Gustav Steinbrecht und einigen mehr wiederbelebt.

In der klassischen Reitkunst steht nicht die Dressur im Vordergrund, sondern die Gesunderhaltung des Pferdekörpers mithilfe der Dressur. Bent Branderup sagt: „Die Dressur ist FÜR das Pferd da, nicht das Pferd für die Dressur." In diesem Sinn nimmt man sich wieder viel Zeit, um an sein Ziel zu kommen: die körperliche, geistige und emotionale Ausbildung von Mensch und Pferd.

Ein so gerittenes Pferd ist in der Balance, es ist leicht in der Hand, es geht ehrlich über den Rücken, es ist biegsam, mobil in alle Richtungen und emotional zufrieden: Alles geht leicht, es sieht harmonisch und elegant aus – ein solches Pferd zu reiten ist wahrer Genuss!

Ein Erfahrungsbericht: Am Rand einer Fortbildung unterhalte ich mich mit einer Kursteilnehmerin. Sie erzählt mir von ihrem Weg mit ihrem Pferd. Als angerittenes, gehobenes Freizeitpferd kaufte sie ihre Stute damals vierjährig von einem Züchter. Es sollte ein Familienpferd sein: Gelände, Dressur und Springen, von allem ein bisschen. Nachdem weder sie noch ihre Tochter starke Reiter waren, gaben sie ihren neuen Familienzuwachs drei Tage die Woche in Beritt bei einem Profi. So sollte die Stute weiterlernen und immer wieder korrigiert werden. Nach einem Jahr kam aber alles anders: Die Stute wurde krank. Sie bekam Warzen am ganzen Körper, die teilweise aufbrachen und bluteten. Dazu kam, dass sie immer wieder vorn rechts lahm ging. Auch nach einer langen tierärztlichen Behandlung in der Klinik war nicht klar, woher diese Lahmheit kam.

In ihrer Herde distanzierte sie sich mehr und mehr von den anderen Pferden, bis sie fast die Rangniedrigste war. „Wir liefen von Pontius zu Pilatus und suchten nach Rat in Büchern, Zeitschriften, bei Tierärzten, Tierheilpraktikern und vielen mehr: zunächst ohne Erfolg." Durch einen Bericht einer Pferdebesitzerin wurden sie aufmerksam auf die klassische Reitkunst. Deren

Hier ein akademisch gerittenes Pferd: Man erkennt die Leichtigkeit und Harmonie zwischen Pferd und Reiter!
(Foto: Christiane Slawik)

Pferd hatte auch eine lange Krankheitsgeschichte hinter sich und war wieder voll regeneriert.

Das machte die Pferdebesitzer hellhörig und neugierig. Sie lasen viel und suchten sich eine Ausbilderin in ihrer Nähe, die nach klassischen Reitansätzen arbeitet. Das Training begann vom Boden aus mit Kappzaum und Longe, an Reiten war zu diesem Zeitpunkt nicht zu denken. So kam ihnen dieser Ansatz sehr entgegen. „Anfangs sah unsere Stute so matt und lustlos aus, als wolle sie sagen: Ich kann nicht!" Aber nach nur vier Wochen intensivstem Training merkten sie schon die ersten Veränderungen: Ihr schönes fuchsfarbenes Fell begann im Sonnenlicht wieder mehr zu glänzen, die Warzen rissen

nicht mehr so oft auf und die Besitzerin sagte, sie spürte, dass langsam wieder Lebenswillen in ihr noch so junges Pferd zurückkehrte. Von diesen ersten Erfolgen genährt, machte sie weiter, und eineinhalb Jahre später – heute – waren alle Warzen von allein abgefallen, das Fell glänzte und eine Lahmheit war nicht mehr zu erkennen. Auch innerhalb der Herdenrangfolge war sie höher denn je. Ihre Tochter ritt die Stute gerade und ich konnte kaum glauben, dass dieses Pferd einmal so krank war. Es bewegte sich so leichtfüßig und federnd, dass es Spaß machte zuzusehen.

Was war passiert? In der anfänglichen Ausbildung wurde nicht darauf geachtet, die Vorderlastigkeit und die natürliche Schiefe auszugleichen.

Ganz im Gegenteil: Die Stute wurde die meiste Zeit auf zu hohem Tempo, aus ihrer Balance und mit durchgedrücktem Rücken geritten, mit der meisten Last auf den Vorderbeinen und mit nach hinten ausgestreckter Hinterhand, die mehr schiebt als trägt. Diese ungesunde Bewegung war vermutlich Ursache für die Lahmheit vorn. Durch die Fehlbelastung, die Schmerzen und den damit verbundenen psychischen Stress konnte der gesamte Organismus nicht mehr normal arbeiten und das Immunsystem fuhr herunter. Die Warzen waren die Folge.

Ein Pferd, das körperlich angeschlagen ist, Schmerzen hat und ständig gehindert wird, seine Balance zu finden und zu halten, wird auf längere Sicht immer in der Herde an Rang einbüßen. Durch das Training nach klassischen Ansätzen wurde das Pferd über gymnastizierende Bodenarbeit gerade gerichtet. Es wurde ihm gezeigt, wie es sich bewegen muss, damit es den Reiter gesund tragen kann. So fand es zu seiner natürlichen Balance und seiner effektiven Bewegungskompetenz zurück, das rechte Vorderbein konnte sich gänzlich erholen. Zur körperlichen Regeneration hat auch die parallele Behandlung einer Tierärztin, die unter anderem auf Physiotherapie, Osteopathie und Cranio-Sacral-Therapie spezialisiert war, beigetragen. Die Schmerzen gingen und die Bewegungsfreude kam zurück.

Dieses Beispiel zeigt mir, wie wichtig es ist, Dinge immer im gesamten Kontext zu betrachten – mit einem ganzheitlichen Denken. Dazu sollten Trainer und Therapeuten enger zusammenarbeiten. Behandelt man nur die Symptome, hier die Warzen, bringt das keine wirkliche Verbesserung.

Oft versucht man, die Symptome „wegzudrücken". Wird allerdings die Wurzel des Übels nicht gefunden, sucht sich der Körper einen neuen Weg, um das Problem loszuwerden.

Tipp

Praxistipp: Bewegungskompetenz

Von Natur aus besitzen Pferde die Kompetenz, sich sehr effektiv zu bewegen. Mit minimalem Aufwand beziehungsweise mit wenig Energieverbrauch wird Maximales erreicht. Anregungen dazu:

- *Im Gedankengut der alten Lehrmeister*

- *Bei einem Ausbilder, der sich an den Lehren der alten Meister orientiert und der sich Zeit lässt für jeden neuen Ausbildungsschritt*

- *Das eigene Auge schulen und dem Ausbilder bei der Arbeit zusehen*

- *Gute Sitzschulungen und Reitergymnastik helfen, besser zu sitzen*

Sattel – passend für Pferd und Mensch

Der Sattel gehört zu der teuersten Grundausrüstung eines jeden Pferdes und ist die Verbindung zwischen Mensch und Pferderücken. Er soll das Gewicht des Reiters gleichmäßig verteilen und dem Reiter eine Basis bieten, um gut ausbalanciert sitzen zu können. Wichtig für das Wohlbefinden des Pferdes ist es, dass er optimal passt.

Nur mit einem passenden
Sattel kann ein Pferd entspannt über den Rücken laufen.

(Foto: Christiane Slawik)

Er sitzt dann, wenn er hinter der Schulter liegt und nicht verrutscht. Nur wenn die Schulter frei ist, kann das Pferd die Vorhand uneingeschränkt bewegen. Zudem muss der Sattel gleichmäßig aufliegen, damit das Reitergewicht entsprechend verteilt wird. Nur unter der Voraussetzung, dass es in keiner Weise behindert, gestört oder in seiner Bewegung eingeengt wird, kann sich ein Pferd loslassen und im Rücken schwingen. Dies gilt im Stand, in der Bewegung, mit und ohne Reitergewicht. Auch für den Menschen muss der Sattel bequem sein, damit man losgelassen sitzen und in der Bewegung des Pferdes locker mitschwingen kann. Nur so stört man das Pferd in seiner Bewegung nicht.

Eine Möglichkeit ist es, sich für längere und ausgedehnte Geländeritte einen gut passenden Sattel zu kaufen, bei dem der Rücken des Pferdes durch eine gute Gewichtsverteilung geschützt ist und der Reiter für höhere Geschwindigkeiten sicher im Sattel sitzt. Und für die feine Dressurarbeit wählt man ein Reitpad aus Lammfell oder Filz, bei dem man das Pferd viel besser spürt und klarer kommunizieren kann. Allerdings belasten reiterliche Sitzfehler das Pferd viel mehr, wenn man ein Reitpad benutzt. Daher ist dies eine Idee für Reiter, die schon gut ausbalanciert sitzen – und für kurze Reiteinheiten zusammen mit einem Reitlehrer, der den Sitz immer wieder korrigiert.

Der richtige Sattel ist eine Wissenschaft für sich. Daher sollte man sich ausreichend Zeit nehmen, eventuell mehrere Fachleute kommen lassen, um eine gute Kaufentscheidung zu treffen.

Denn ein nicht passender Sattel kann Mensch und Pferd den Spaß am Reiten schnell nehmen und zu gesundheitlichen Schäden beim Pferd führen – körperlich und psychisch.

Tipp

Praxistipp: Der richtige Sattel

- *Regelmäßige Sattelkontrolle durch einen Fachmann*

- *Hände weg von nicht gelernten Sattelverkäufern*

- *Hat das Pferd stärker ab- oder zugenommen, Sattel direkt anpassen lassen*

- *Ausbilder meiden, die einen Sattel für mehrere Pferde benutzen*

- *Bei Fellveränderungen auf der Sattellage umgehend den Sattler kommen lassen*

- *Osteopathen beziehungsweise eine Person, die sich mit Gangbildanalyse auskennt, aber nichts an dem Sattelgeschäft verdient, beim Kauf eines Sattel hinzuziehen*

Individuelle Stärken
der Rassen

> In jedermann ist etwas Kostbares,
> das in keinem anderen ist.

Martin Buber

Jeder Mensch und jedes Pferd hat ganz individuelle Stärken und Schwächen. Damit mein Pferd und ich gemeinsam Spaß haben, ist es wichtig, dass meine Wünsche auch zu meinem Pferd passen. Sprich, wenn ich selbst eher eine ängstliche, nicht so starke Reiterin bin, dann sollte mein Pferd nicht mehr im Flegelalter sein und einen ruhigen, gelassenen Charakter besitzen. Wenn ich dagegen schnelle Distanzritte gehen möchte und mir einen ruhigen Norweger zulege, werden wir beide vermutlich nie zusammen glücklich werden.

Daher sollte man sich vor dem Kauf gründlich überlegen, was man mit seinem Pferd machen möchte, welche Rasse und Persönlichkeit zu einem passt. Jede Rasse hat ihre Charakter-merkmale und trotzdem ist jedes einzelne Pferd eine einzigartige Persönlichkeit: Es gibt selbstbe-wusste, extrovertierte, dominante Pferde und introvertierte, ängstliche, eher rangniedrige Pferde. Auch das Alter ist nicht zu vernachlässigen: Ein junges Pferd ist in seiner Flegelphase, will sich austesten und ist noch nicht so ruhig und erfahren wie ein älteres Pferd.

Unterschiedliche Temperamente

KALTBLÜTER:

Sie wurden früher für die Arbeit auf dem Feld und im Wald eingesetzt. Heute wird die Feldar-beit rein maschinell verrichtet und das Kaltblut

Kaltblüter kommen auch heute noch bei der Waldarbeit zum Einsatz. (Foto: Christiane Slawik)

hat hier so gut wie ausgedient. Bei der Holzrückearbeit im Wald sind sie ab und zu noch anzutreffen: Sie besitzen eine unglaubliche Zugkraft und ziehen dicke Baumstämme. Ihre Hilfe wird genutzt beim Aufstapeln des Holzes und sie warten geduldig, bis sie zum Einsatz kommen. Häufiger sieht man sie heutzutage eingespannt vor traditionell geschmückten Kutschen auf Umzügen. Es zeichnet sie ein großer schwerer Ramskopf mit eher kleinen, aber sehr freundlichen Augen aus; ein kurzer dicker Hals; eine sehr breite Brust; eine sehr kräftige, mit Muskeln bepackte Kruppe, die gespalten wirkt, und sehr kräftige Beine. Das typische Kaltblut

wirkt eher gedrungen und nicht langbeinig elegant. Das Lebensmotto ist: „In der Ruhe liegt die Kraft." Kaltblüter sind gutmütig, sehr gelehrig und lassen sich nicht so schnell von etwas erschrecken. Durch ihr ruhiges Gemüt findet man sie immer wieder im Freizeitbereich. Da sie heute meist kaum arbeiten und dazu sehr leichtfuttrige Tiere sind, sollte man sie nur mit energiearmem, kargem Raufutter füttern.

WARMBLÜTER:

Der heutige Warmblüter steht für ein edles Reit- und Fahrpferd – gezüchtet für Dressur,

Ein typischer, schöner Vollblüter. (Foto: Christiane Slawik)

Springen und Fahrsport. Die Warmblüter mit viel Blutanteil in der Stammbaumlinie sind oft sehr gute Vielseitigkeitspferde. Letztlich sind sie aber Allrounder, weil sie auch als Freizeitpferde für Wanderritte oder Jagden gut geeignet sind. Man erkennt sie am meist edlen Kopf, einem langen Hals, einer schrägen Schulter, die viel Gangfreiheit bieten soll, einem langen Rücken und einem eleganten Exterieur mit langen Beinen. Das Ziel der Züchter ist es, leistungsbereite und leichtrittige Pferde zu ziehen. Zudem sind viele Warmblüter durch ihren hohen Vollblutanteil sehr sensibel, intelligent und lernen schnell.

VOLLBLÜTER:

Die englischen Vollblüter gelten als die schnellsten Pferde der Welt und werden daher für den Rennsport gezüchtet. Sie werden teilweise für horrende Summen verkauft. Um die Warmblutlinien zu veredeln, setzt man sie in allen Landespferdezuchten ein. Den typischen Vollblüter erkennt man an seinem edlen, feinen Kopf, den sehr großen, schönen Augen, dem sehr bemuskelten Körper, der schmalen Brust, dem langem Rücken und den langen, feingliedrigen Beinen. Sie sind hochsensible, sehr intelligente und leistungsbereite Pferde, die gern nur eine feste

Typische Haltung für einen Araber: hoch getragener Hals und der aufgestellte Schweif. (Foto: Christiane Slawik)

Bezugsperson haben. Sie haben ein großes Bedürfnis nach Bewegung, das gestillt werden muss. Ansonsten können diese feurigen und temperamentvollen Pferde schnell „schwierig" werden. Auch ihr Nervenkostüm ist nicht das beste. Wer sich einen Vollblüter zulegt, sollte sich fragen, ob er all diesen Ansprüchen gewachsen ist. Wenn ja, kann man sie nach dem Ende ihrer Rennkarriere oft für kleines Geld bekommen. Allerdings kann es ein paar Jahre dauern, bis sie sich von den körperlich und psychisch geforderten Höchstleistungen regenerieren, dem neuen Besitzer vertrauen und zu einem braven Freizeitpferd werden.

Rassespezifische Haltung und Fütterung

ROBUSTPFERDE:

Unter Robustpferden versteht man Pferde, die sehr naturnah, ohne aufwendigen Schutz ganzjährig im Offenstall gehalten werden können. Dazu zählen beispielsweise die Isländer und Fjordpferde. Die Isländer werden hauptsächlich im Freizeitbereich für Gelände- und Wanderritte eingesetzt. Isländerfans schätzen besonders die sehr bequeme vierte Gangart: den Tölt. Sie zählen zu den Ponys, weil sie meist unter 1,48 Meter Stockmaß bleiben, und sind sehr

Norweger werden wegen ihres Charakters gern als Kinderponys oder Therapiepferde eingesetzt. (Foto: Christiane Slawik)

intelligente, leistungsbereite Pferde. Man sagt ihnen nach, dass es ganz besondere Persönlichkeiten sind. Gewinnt man ihr Herz, sind es sehr treue Begleiter. Wegen ihres kräftigen Körperbaus eignet sich die Rasse nicht nur für Kinder. Mähne und Fell sind aufgrund des rauen isländischen Klimas sehr dicht.

Fjordpferde, auch Norweger genannt, sind Freizeitpferde, die gut geeignet sind für Geländeritte und Kutschenfahrten. Sie sind durch ihre beige Farbe zu erkennen, ihren kräftigen Hals, einen kurzen Rücken und kurze kräftige Beine. Meist haben sie eine Stehmähne. Diesen Pferden ist gemein, dass sie sich an die Klimabe-

dingungen ihrer Ursprungsländer sehr gut angepasst haben. Hier in Deutschland treffen sie allerdings auf ganz andere Bedingungen. Zum Beispiel sind Isländer sehr wetterfeste Ponys. Sie entwickeln ein besonders dichtes Winterfell, mit dem sie gut den Winter draußen verbringen können. Unsere heißen Sommer mit Kriebelmücken sind sie allerdings nicht gewohnt, wodurch viele in den heißen Monaten sowohl unter der Hitze als auch unter Sommerekzemen leiden. Festgestellt wurde, dass in Deutschland gezüchtete Isländer seltener erkranken als aus Island importierte. Zudem mussten diese Rassen mit sehr kargem Futter auskommen.

Ein wunderschöner
PRE Hengst!

(Foto: Christiane Slawik)

Daraus erklärt sich ihre Leichtfuttrigkeit. Hier in Deutschland neigen sie mit unserem eiweißreichen Futter dazu, schnell dick zu werden, was ungesund ist und krank machen kann.

SPANIER:

Dazu gehören PREs, Andalusier und Lusitanos (Portugal) – Rassen, die in den letzten zehn Jahren immer mehr an Beliebtheit gewonnen haben. Gerade die Barockdressurreiter und die Anhänger der klassischen Reitkunst nach alten Lehren finden mehr und mehr Gefallen an diesen Pferden, weil sie sehr intelligent sind und schnell lernen, eine hohe Knieaktion haben und bei Lektionen wie Piaffe oder Passage mit ihrer Leichtfüßigkeit glänzen. Viele dieser Pferde werden aus Spanien oder Portugal bereits ausgebildet importiert. Nicht selten haben sie dort eine sehr harte Schule hinter sich gebracht und es braucht viel Liebe, Zeit und Geduld, bis diese Pferde wieder entspannt unter dem Sattel gehen.

Praxistipp: Pferderassen

- Vor dem Pferdekauf überlegen, welche Wünsche und Vorlieben man hat und welches Pferd diese erfüllen kann.

- Wenn man sein Pferd schon hat: seine individuellen Stärken fördern und ausbauen.

- Artgerechte, rassespezifische Haltung, Fütterung und Training für ein langes, gesundes Leben.

Glückliche Pferde, die geliebt werden, scheinen aufzublühen. Ihre Persönlichkeit entfaltet sich und gewinnt an Ausstrahlung, so wie bei jedem Wesen, das sich angenommen fühlt. Ihr Blick verändert sich und wird immer aufmerksamer, sie kommunizieren viel und versuchen ihre Wünsche und Gefühle auszudrücken. Einzelne unter ihnen offenbaren sich schneller als andere. Manchmal muss man den ganz Schüchternen unter ihnen erklären, dass sie das Recht haben, sich auszudrücken. {...} Pferde, die sich verstanden fühlen, übernehmen Eigeninitiative, werden autonomer, kreativer und mutiger.

Frédéric Pignon und Magali Delgado (2013, S. 83/84)

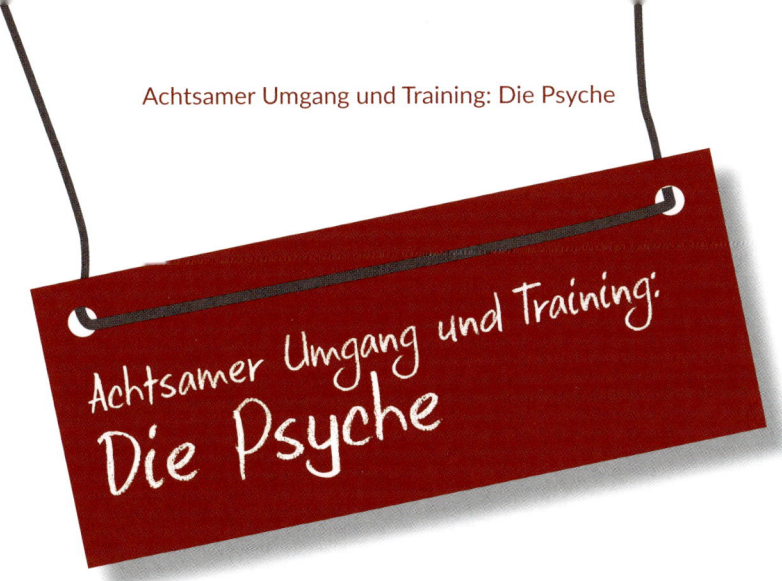

Achtsamer Umgang und Training: Die Psyche

Wenn man Pferdebesitzer befragt, ob sie glauben, dass ihr Pferd gemeinsam mit ihnen glücklich ist, wird man in den meisten Fällen ein Ja hören. Selbst in Fällen, in denen es klar ersichtlich ist, dass das Pferd nicht glücklich sein kann. Aber wie kommt es zu dieser Meinung? Aus meiner Sicht gibt es zwei Gruppen: die einen, die sich die Situation schönreden und tatsächlich selbst glauben, dass ihr Vierbeiner alles hat, was er braucht. Daher haben Pferdebesitzer dieser Gruppe auch kein schlechtes Gewissen. Die zweite Gruppe sind Menschen, die noch nicht lange reiten oder sich erst ein Pferd zugelegt haben. Sie verlassen sich auf die Meinung von Stallbetreibern, Reitlehrern und erfahrenen Pferdemenschen und handeln aus Unwissenheit. Diese zweite Gruppe hoffe ich mit meinem Buch zu erreichen, wachzurütteln und zum Umdenken zu bringen – zum Wohl der Pferde!

Aber woran erkenne ich überhaupt, ob mein Pferd mit mir glücklich ist? Für mich beinhaltet Glücklichsein mehrere Zustände: zufrieden und emotional ausgeglichen sein, eine momentane Freude bis hin zum berauschenden Glück, zu Euphorie und Ekstase. Pferde drücken diese Emotionen meist nonverbal über ihren Körper aus. Ein Zeichen dafür ist, dass sie zum Beispiel wiehern, wenn sie ihren Menschen erblicken. Manche Offenstallpferde kommen auf Zuruf angetrabt oder sogar angaloppiert – aus Freude, ihren Menschen zu sehen. Sie kommen freudig und freiwillig mit in den Stall, ohne dass der Besitzer sie in den Stall ziehen muss – in Vorfreude auf die gemeinsame Zeit.

Bedenklich ist, wenn das Pferd seinem Menschen in der Box das Hinterteil zudreht oder sogar versucht, ihn wegzubeißen. Nach dem Motto: „Lass mich in Ruhe!" Im Offenstall wird es fragwürdig, wenn mein Pferd vor mir wegläuft oder, noch schlimmer, mit angelegten Ohren auf mich zuläuft, um mich zu verjagen. In diesen Fällen sollte man sich ernsthaft Gedanken über das Warum machen.

Ein faires Leittier sein

Geborgenheit und Sicherheit sind die zentralen Bedürfnisse eines Pferdes, die ihm bei entsprechender Haltung die Herde bietet. Aber das

Das Pferd ist nur dann in der Lage, seine Anlagen voll zu entfalten, wenn es sich hinsichtlich seiner arttypischen Lebensbedürfnisse mit der Umwelt – das heißt auch mit dem Menschen – im Einklang befindet. Der Umgang mit dem Menschen soll für das Pferd Geborgenheit in allen Situationen bedeuten.

Prof. Dr. Klaus Zeeb

Pferd soll sich auch im Umgang mit dem Menschen in allen Situationen geborgen fühlen, wie es Prof. Zeeb in seinem Zitat beschreibt. Indem ich mich an der Verhaltensbiologie orientiere und versuche, die Sprache des Pferdes zu sprechen, schaffe ich Verständnis und Vertrauen.

Nur wenn ich meinem Pferd ein faires Leittier sein kann und ihm dadurch vermittle, dass ich dieser großen Verantwortung gewachsen bin, wird es sich neben mir entspannen, sich fallen lassen und mir sein Vertrauen schenken. Dieses Vertrauen erreicht man nicht, indem man einen Knopf umlegt oder ein paar Bodenarbeitsübungen absolviert. Es ist vielmehr ein Prozess, der beim einen länger, beim anderen kürzer dauert. Mit jedem positiven Erlebnis wächst das Vertrauen. Dazu gehört beispielsweise zu erfahren, dass auf den Menschen Verlass ist, er aus Pferdesicht vorausblickend handelt, präsent ist und sich einsetzt für die Sicherheit seines Pferdes.

Leider lernen wir in den üblichen Reitschulen wenig bis gar nichts über die Verhaltensbiologie und die Psychologie eines Pferdes. Mit Anweisungen wie „Zeig's ihm", „Hau drauf" oder „Setz dich durch" lernen wir nur, die Pferde aus Angst zum Funktionieren zu bringen. Wer seinem Pferd ein faires Leittier sein will, sollte sich vor allem mit der Natur der Pferde beschäftigen. Daraus können wir viel ableiten und lernen – beispielsweise unsere eigenen Leittierqualitäten zu stärken. Ein Leittier ist souverän, selbstbewusst, klar, konsequent, erfahren, präsent, es dient der Gemeinschaft, es arbeitet ohne jegliches Druckmittel und hat durch seine

Praxistipp: Leittier sein

- *Am Koppelrand sitzend eine Herde mit Pferden beobachten: Wie kommunizieren sie? Wie verhalten sie sich?*

- *Die eigenen Leittierqualitäten ausbauen. Davon profitiert man auch in der Menschenwelt.*

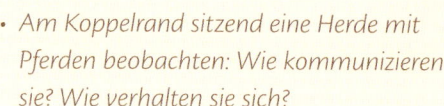

Ich folge dir auch ohne Halfter! (Foto: Christiane Slawik)

Ausstrahlung alle Herdenmitglieder hinter sich. Wer von uns kann schon behaupten, all diese Eigenschaften zu haben? Aber sehen wir es als Chance, uns weiterzuentwickeln, an uns zu arbeiten. Unser Pferd als bester Persönlichkeitstrainer wird uns unverblümt und direkt Feedback über unsere Leittierqualitäten geben.

Im Dialog mit meinem Pferd

Als Siebenjährige durfte ich endlich beginnen, das Reiten zu lernen. In der nahe gelegenen Reitschule herrschte im Reitunterricht, aber auch außerhalb ein sehr rauer Ton. Damals ließ ich dies an mir abprallen, Hauptsache, ich konnte

bei meinen geliebten Pferden sein. Es kam mir vor wie beim Militär: Sowohl den Pferden als auch uns jungen Mädchen wurden kurze, klare Befehle erteilt; gehorchte man, lief alles nach außen hin gut. Aber wagte man es, zu widersprechen, rollte eine Panzerwelle an Aggression über einen her: „Verschwinde!", und: „Lass dich nie wieder blicken", waren nur die netteren Formulierungen. Beim Reiten war es ähnlich. Machte ein Pferd nicht das, was von ihm verlangt wurde, hieß es: „Setz dich durch!", oder: „Zieh ihm die Gerte über den Hintern!" Einige Pferde hatten nach den Reitstunden richtige Striemen am Hintern oder sogar blutige Stellen von den Sporen. Angst lag immer und zu jedem Zeitpunkt in der Luft. Die meiste Zeit machten wir

Achtsames Annähern ... (Foto: Christiane Slawik)

und die Pferde gehorsam, was uns gesagt wurde. Im Nachhinein tut mir das leid. Aber damals machte ich nur das, was mir die Erwachsenen vormachten. Dieser Umgang war normal. Erst viele Jahre später begann ich zu verstehen, dass es auch anders geht.

So wie viele junge Mädchen hörte ich im Teenageralter für ein paar Jahre auf zu reiten. Die Brutalität reichte mir, aber ich kannte zunächst keine bessere Alternative. Mir war nur klar: So will ich nicht mehr länger reiten. Doch wenn man vom Pferdevirus befallen ist, kommt man selten wieder davon los. So suchte ich mir nach einigen Jahren, ich war damals 17 Jahre alt, eine neue Reitschule. Es war ein sehr kleiner Verein mit nur vier Schulpferden. Schon bei den ersten

Malen dort spürte ich, dass hier ein anderes Klima herrschte: mehr Ruhe, ein friedlicher, wertschätzender Ton, ein Unterricht, in dem ich viel gelobt wurde. Die Pferde mussten nicht wie in der ersten Reitschule bis zu sechs Stunden am Tag laufen, ein bis zwei Stunden waren die Regel. Wir durften sie mit der Reitlehrerin zusammen putzen und satteln. Ein erstes Kontaktaufnehmen war möglich, bevor man sich in den Sattel schwang. In der restlichen Zeit durften die Pferde gemeinsam auf die Koppel. Zudem hatte jedes Pferd eine Reitbeteiligung, somit eine Bezugsperson und damit nicht so viele unterschiedliche Reiter.

Noch drei bis vier Jahre später durfte ich von einer Stute, die ich als Reitbeteiligung hatte, lernen, was ein achtsamer Umgang mit dem Pferd bedeutet. Damals wusste ich von Pferdepsychologie noch wenig, probierte einfach neue Wege aus und ließ mich überraschen, was passierte. Diese kleine hübsche Hannoveraner Stute war Headshakerin, und da ich spürte, dass sie das Angebundensein beim Putzen nicht mochte, legte ich ihr den Strick nur über den Hals. Sie stand wie eine Eins und hängte sich nicht mehr ins Halfter. Warum sollte ich sie also nicht unangebunden putzen? Anfangs dachte ich, es sei möglicherweise Zufall, dass sie so brav stand. Doch mit jeder weiteren positiven Erfahrung wuchs mein Vertrauen in sie und ich begann es sogar zu genießen, sie nicht anbinden zu müssen. Ich genoss die Freiwilligkeit, die Aufmerksamkeit und die Zuneigung, die sie mir mehr und mehr zeigte. Sie wieherte mir zu, wenn sie mich von Weitem kommen sah.

Auch Berührungen konnte sie kaum genießen, gleich ob mit Putzzeug oder den Händen. Sie zeigte es deutlich vor allem in der Box, indem sie sich wegdrehte und versuchte, den Berührungen auszuweichen. Ich habe das respektiert, machte keine lange Prozedur daraus und nur das Nötigste. Auch beim Reiten hatten wir einen schönen Draht zueinander. Ich ging mit ihr häufig ins Gelände zum Ausreiten, weil ich merkte, dass ihr das guttat. Mit viel Blut in der Linie hatte sie viel Power und Energie und liebte die langen schnellen Galoppstrecken. Aber sie wartete immer respektvoll, bis ich bereit war und ihr meine feine Hilfe gab, die ihr signalisierte: „Ich bin bereit, jetzt können wir los!"

Im Nachhinein betrachtet und mit meinem Wissensstand von heute kann ich sagen: Wir waren in Harmonie und Einklang, in einem ständigen Dialog, der das gegenseitige Vertrauen ins Unermessliche hat wachsen lassen. Eine wunderschöne Zeit, die ich nie vergessen werde und die mich sehr geprägt hat.

Aber wie kam es zu dieser besonderen Verbindung? Ich war von Anfang an wachsam, offen, respekt- und liebevoll, habe viel beobachtet und mir Gedanken gemacht: Warum verhält sie sich so? Dann habe ich nach einem neuen Weg für uns beide gesucht. Das nenne ich heute „mit meinem Pferd in Dialog treten". Es bedeutet, ich gebe nicht nur Befehle, die mein Pferd auszuführen hat, sondern ich gehe auch auf das ein, was mir mein Pferd nonverbal sagt. Und egal, welch merkwürdige Angewohnheiten oder Marotten ein Pferd hat, es hat immer einen Grund, eine Ursache. Oft sind es sogar Hilferufe. An dieser Stelle will ich an euch, liebe Leser, appellieren: Schiebt es nicht einfach weg und sagt: „Ach, das macht er schon immer!" Sondern recherchiert, überlegt und begebt euch auf die Suche nach den Gründen. Und gebt nicht so schnell die Hoffnung auf; ich bin mir sicher, ihr werdet fündig. Zusätzlich werdet ihr belohnt werden, weil euer Pferd spürt, dass ihr euch um Verständnis bemüht. Ihr werdet merken, dass sich eure Beziehung zu eurem Pferd weiter zum Positiven wandelt und viel enger wird.

Wenn man einmal so eine wunderschöne Verbindung zu einem Pferd erlebt hat, wie ich sie damals zu der kleinen Hannoveraner Stute haben durfte, dann will man sich mit weniger nicht mehr zufriedengeben. Alles geht so leicht, es gibt keine wirklichen Widersetzlichkeiten oder Konfrontationen mehr. Auch ein Nein ist okay, wenn man den Sinn dahinter versteht. Durch das In-den-Dialog-Treten mit dem Pferd entstehen Verständnis, Nähe, Zuneigung und gegenseitiges Vertrauen. Vertrauen, das mit der Zeit, mit den vielen positiven Erfahrungen immer weiter wächst.

Wo Vertrauen ist, bedarf es keiner Hilfsmittel! (Foto: Christiane Slawik)

Tipp

Praxistipp

• *Lies den Körper deines Pferdes und geh auf das ein, was es dir mitteilt: Trete in einen Dialog mit deinem Pferd.*

• *Probiere Neues aus und beobachte, was sich für dich und dein Pferd gut anfühlt.*

Umgang mit Respekt und Liebe

Der Begriff „achtsamer Umgang" ist zurzeit in vieler Munde, aber es verstehen nicht alle das Gleiche darunter. Ich meine damit einen Umgang, ein Training, das auf gegenseitigem Respekt und Liebe basiert. Bei dem Begriff Respekt meine ich nicht Angst. Zu diesem Thema muss ich immer wieder an meine Schullaufbahn denken. Es gab zwei Arten von Lehrern: die einen, die uns Schüler mit Angst führten. Es wurde mit negativen Konsequenzen gedroht. Wir waren still aus Angst, schlechte Noten zu bekommen. Die zweite Gruppe von Lehrern, leider eine viel kleinere, machte einen so interessanten Unterricht, dass sogar Fächer, die uns eigentlich weniger interessierten, auf einmal spannend wurden. Wir waren ohne jegliches Druckmittel bei der Sache, machten angeregt mit und hielten uns ohne Drohungen oder Ähnliches an alle aufgestellten Regeln. Ein Lehrer der zweiten Gruppe will ich für meine Pferde sein. Sie sollen sich freuen, wenn ich komme, weil ich immer wieder etwas Neues und somit Abwechslung in ihren Alltag bringe. Trotzdem gibt es Regeln, die ich auf eine faire Art und Weise einfordere. Ohne Regeln geht es nicht, sonst nehmen unsere Pferde uns nicht für voll.

Der achtsame Umgang beginnt schon weit früher, als viele denken. Stell dir vor, du triffst auf der Straße einen Bekannten. Obwohl ihr euch nur flüchtig kennt, kommt er dir sehr nahe und redet, ohne dich überhaupt begrüßt zu haben, wie ein Wasserfall auf dich ein. Du gehst immer wieder einen Schritt zurück, weil dir das alles zu viel wird. Aber er nimmt es nicht wahr. Er fragt auch nicht, wie es dir geht. Wie würdest du dich fühlen? Ich bin mir sicher, du würdest es als unhöflich empfinden, wenn jemand immer wieder in deinen privaten Raum hineintritt, ohne dass man sich gut kennt. Vielleicht würdest du dir auch vorkommen wie sein privater Mülleimer, in den man alles abladen kann. Hättest du Lust, dich mit diesem Bekannten bald wieder zu treffen? Vermutlich nicht.

Denn eigentlich möchte man zunächst begrüßt werden. Man freut sich, wenn der Bekannte zeigt, dass er sich über das Treffen freut, dass er einen mag und daran interessiert ist, wie es einem zurzeit geht. Man will sich nicht überfallen und bedrängt fühlen. Aber was hat diese Geschichte mit unseren Pferden zu tun? Viele Pferdeleute verhalten sich ihren Pferden gegenüber wie dieser Bekannte. Sie gehen zu ihrem Pferd, ohne darüber nachzudenken, dass sie in

den privaten Raum des Pferdes treten, legen ihm das Halfter an, ziehen es unaufmerksam am Seil zum Putzplatz, schrubben es ab, legen Sattel und Zaumzeug an und los geht es. Und dann wundern sie sich, wenn ihr Pferd auf der Koppel vor ihnen wegläuft oder ihnen in der Box den Hintern zudreht, ihnen unaufmerksam

Praxistipp: Annäherung an ein Pferd

- *Gehe entspannt und in weichen Bewegungen seitlich Richtung Schulter auf dein Pferd zu. Schaue ihm dabei nicht starr in die Augen. Das machen nur Raubtiere.*

- *Bleibe 8–10 Meter vor ihm stehen und beobachte seinen Körper. Hast du seine Aufmerksamkeit? Zeigt ein Ohr in deine Richtung oder hört das Pferd auf zu kauen? Dann lade es mit deiner ausgestreckten Hand ein, zu dir zu kommen.*

- *Warte, gib ihm etwas Zeit, über deine Einladung nachzudenken.*

- *Kommt es nicht und frisst weiter, dann nähere dich wieder ein Stück, bis du wieder ein Zeichen von ihm bekommst, und wiederhole höfliche deine Einladung.*

- *Kommt es zu dir, dann berühre es sanft, sage „Hallo, wie geht es dir?" und halftere es entspannt auf.*

Hier denkt das Pferd gerade über die Einladung nach. (Foto: Christiane Slawik)

auf die Füße steigt und in der Halle keine Lust hat mitzumachen.

Ein achtsamer Umgang bedeutet, mit seinem Pferd fein zu kommunizieren. Diese Kommunikation fängt nicht erst in der Halle oder im Roundpen an. Sie beginnt schon, wenn dein Pferd dich sieht. Ein Pferd hat einen privaten Raum von 5–8 Metern. Viele nähern sich forsch, frontal auf einer geraden Linie Richtung Pferdekopf. Die Reaktion der Pferde auf diese wenig freundliche Geste ist sehr unterschiedlich: Von Sich-Wegdrehen über Sich-am-ganzen-Körper-Verspannen bis Davonrasen habe ich schon alles beobachtet. Als wesentlich höflicher empfindet es unser Pferd, wenn man sich in einer weichen, runden Körperhaltung Richtung Schulter nähert. Sobald man wahrnimmt,

dass einen das Pferd registriert, ist es viel netter aus Pferdesicht, wenn man 8–10 Meter vor ihm stehen bleibt und es mit einer Geste, wie einer ausgestreckten Hand, zu sich einlädt. Viele Pferde kommen nach einer kurzen Zeit des Überlegens von sich aus freudig auf einen zu. Sollte das Pferd sich entscheiden, doch weiterzufressen, dann kann man sich weiter annähern, bis es wieder ein Zeichen gibt, dass es unsere Annäherung registriert. Vielleicht dreht es ein Ohr in unsere Richtung, vielleicht hebt es seinen Kopf oder dreht ihn sogar zu uns. Auf dieses Zeichen bleibt man wieder stehen und wiederholt seine Einladung. Meine Erfahrung ist, dass früher oder später fast jedes Pferd einige Meter auf die Person zukommt, sie beschnuppert und begrüßt. Wer von seinem Pferd Respekt und Manieren verlangt, der sollte sich auch seinem Pferd gegenüber so verhalten: respektvoll und höflich.

Führen von der Koppel

Um ihr Pferd von der Koppel zu führen, befestigen viele das Seil oder den Führstrick am Halfterring und schleifen ihr Pferd förmlich in den Stall. Dann ist es nicht verwunderlich, wenn ein Pferd nur missmutig nebenherläuft. Besser ist es, dem Pferd einen Meter an Seil zu geben und loszugehen. Wenn das Pferd seinem Menschen direkt folgt, hängt das Seil durch, weder Mensch noch Pferd brauchen Kraft, und das Führen ist für beide angenehm. Ein ständiger Zug oder Druck am Seil, der weiter auf das Halfter und somit auf den Kopf des Pferdes wirkt, ist für das Pferd sehr unangenehm.

Habe dein Pferd im Augenwinkel und lobe es, wenn es die von dir gewünschte Führposition einnimmt. Du hast jetzt die Verantwortung für dein Pferd. Du sollst ihm als Leittier das Gefühl von Sicherheit und Geborgenheit in eurer kleinen Zweierherde geben für die Zeit, in der du es aus seiner Pferdeherde holst. Jetzt sind deine Führungsqualitäten gefragt: Sei gelassen und sende klare nonverbale Signale aus, indem du ruhig, aber konsequent bist in deinen Wünschen an dein Pferd. Sei präsent und schenke ihm deine volle Aufmerksamkeit. Nur dann wird es sich neben dir entspannen können.

Stell dir vor, du hast einen neuen Job angenommen und kennst die Abläufe in der Firma noch nicht. Dein Vorgesetzter soll dir alles zeigen, er soll dich führen und anleiten. Er ist aber seit Tagen mit etwas anderem beschäftigt, bekommt ständig neue Telefonate herein. Würdest du dich achtsam behandelt und wertgeschätzt fühlen? Würdest du dich wohlfühlen? Wohl eher nicht. Du kämst dir ziemlich de-

platziert vor und wärst verunsichert. Ähnlich geht es vielen unserer Pferde, die täglich von A nach B geführt werden: in der rechten Hand das Pferd, in der linken Hand das Handy. Die Aufmerksamkeit ist überall, aber nicht bei unserem Pferd.

Das ist entspanntes Laufen für beide: Das Seil hängt durch. (Foto: Claudia Rahlmeier)

Gegenseitiges Kraulen – das ist ein schöner, intensiver Moment. (Foto: Christiane Slawik)

Aufmerksam putzen

Jetzt geht es ans Putzen. Dazu werden die meisten Pferde ein- oder zweiseitig angebunden. Wenn man den gröbsten Dreck aus dem Fell beseitigt, damit es keine Scheuerstellen auf der Sattellage geben kann, kann man auch gleichzeitig erkennen, ob das Pferd eine Verletzung oder eine geschwollene Stelle hat. Aber das Putzen kann als Ritual so viel mehr sein. Es ist die zweite nähere Kontaktaufnahme, Zeit, die mein Pferd genießen soll. Ich will sein Fell kraulen oder, besser gesagt, ihm eine Wellnessmassage geben. Das machen nur Pferdefreunde untereinander. Nur zwei Pferde, die sich sehr mögen, werden überhaupt so eng beieinanderstehen.

Dazu lege ich das Seil über den Hals meines Pferdes, damit es keinen Druck am Kopf hat und

mir besser sagen kann, an welchen Stellen es das Kraulen besonders mag. Ich beginne genauso wie beim „normalen" Putzen am Hals, entweder mit einem Striegel oder mit der bloßen Hand. Ich liebe es, mit meinen Händen zu putzen, weil ich so viel mehr Gefühl habe und spüre, ob eine Stelle gut bemuskelt ist. Hier kann ich fester kraulen, aber letztlich lese ich aus der Gesichtsmimik meines Pferdes, ob es ihm gefällt. Das „Genussmäulchen" sagt: Ja, mach weiter so, bloß nicht aufhören bitte! Viele Pferde können das Fellkraulen sehr genießen. Aber nicht nur mein Pferd genießt es. Bei dem Anblick des Genussmäulchens oder wenn es beginnt, mich vorsichtig mit seiner Oberlippe zurückzukraulen, bekomme ich so viel zurück: Das macht mich glücklich und verbindet mich eng mit meinem Pferd.

Auf diese Art und Weise spüre ich, ob mein Pferd eventuell Schmerzen im Rücken hat, ich ertaste Zecken oder Krusten unter dem Fell. Zum Abschluss gehe ich noch einmal mit einer Kardätsche in Wuchsrichtung des Fells über mein Pferd, damit die Haare wieder glatt liegen.

Das Putzen oder Kraulen ist auch die Zeit herauszufinden, wie mein Pferd heute gelaunt ist. Ist es müde oder in einem erregten Zustand? Oder scheint es Lust auf Spielen zu haben, weil es immer wieder etwas ins Maul nimmt? All diese Informationen sehe ich, nehme sie auf und entscheide erst dann, was wir heute machen. Mit einem vorgefassten Plan fahre ich schon lange nicht mehr in den Stall: montags Dressur, dienstags Springen, mittwochs ausreiten, donnerstags wieder Dressur und so weiter. Meine Erfahrung hat gezeigt, dass sich so schnell eine Routine einschleicht und man immer wieder das Gleiche macht. Oft kann man in den Pferden lesen, was sie davon halten: Sie machen mit, aber Spaß ist etwas anderes. Pferde sind von Natur aus sehr neugierige Wesen und erleben in freier Wildbahn jeden Tag etwas Neues. Daher lieben sie die Abwechslung. Versuch doch auch einmal, ohne vorgefassten Plan in den Stall zu fahren, und entscheide spontan, worauf ihr beide Lust habt.

Respektvoll satteln und zäumen

Nehmen wir an, du hast dich entschieden auszureiten und holst den Sattel und das Zaumzeug. Beobachte, was dein Pferd sagt, wenn du zurückkommst und ihm den Sattel auf den Rücken schwingen willst. Zeigt es Zeichen von „Ich will weg, kann aber nicht, weil ich angebunden bin"? Oder legt es die Ohren an und droht? Immer wieder beobachte ich Pferde, die sich beim Sattelgurtanziehen in ihre eigene Brust beißen

oder mit den Zähnen knirschen. Diese Zeichen sind klare Signale dafür, dass etwas nicht in Ordnung ist. Das Pferd verbindet mit dem Sattel etwas Negatives: Satteldruck, Rückenschmerzen oder einen Reitstil, der dem Pferd nicht behagt. Möglichkeiten gibt es viele und es gilt herauszufinden, was der Grund ist. Ein Pferd, für das der Sattel in Ordnung ist, bleibt ruhig und entspannt stehen, eventuell sogar unangebunden, weil es etwas Positives mit dem Satteln verbindet. Es freut sich, die Welt gemeinsam mit dir auf seinem Rücken zu durchstreifen und neue Eindrücke zu sammeln.

Was die Zäumung angeht, erlebe ich oft, dass sich Pferde nicht auftrensen lassen wollen. Sie nehmen das Gebiss nicht von allein, sondern man muss immer erst seitlich ins Maul fassen, damit sie ihr Maul öffnen. Ich meine, dass viele Pferde mit dem Gebiss Schmerzen und negative Bilder verbinden. Und das ist kein Wunder, man muss nicht weit gehen und sieht immer wieder Reiter oder Pferdeführer, die an den Zügeln zerren oder sogar richtig anreißen. Das müssen unglaubliche Schmerzen für das Pferd sein! Allein die Vorstellung lässt mich erschaudern. Warum nicht auch hier einmal neue Wege gehen und beobachten, was das Pferd zu einer gebisslosen Zäumung sagt? Anfangs kann man auf einem abgezäunten Platz oder in einer Reithalle testen, wie das Pferd auf die unterschiedlichen gebisslosen Zäumungen reagiert. Wenn man eine Wahl getroffen hat, sich selbst wohlfühlt und merkt, dass das Pferd gut auf die Hilfen reagiert, dann steht auch einem Geländeritt nichts im Wege.

Unsicherheiten ernst nehmen

Ob ich Dressur reite, mein Pferd frei springen lasse oder wir gemeinsam an der Hand das Gelände erforschen – die Zeit, die ich bei mei-

Dies ist nur etwas für erfahrene Reiter und gut ausgebildete Pferde! (Foto: Christiane Slawik)

nem Pferd bin, ist seine Zeit und ich schenke ihm meine volle Aufmerksamkeit. Wir sind zu jeder Zeit im offenen Dialog. Kommen wir an einen Punkt, an dem mein Vierbeiner unsicher wird, dann überlege ich, warum und wie ich ihm Sicherheit vermitteln kann. Eventuell muss ich mein Ziel in kleinere Teilziele herunterbrechen. Mein Pferd gibt das Tempo an und nicht ich. Verwende ich jetzt Druck, überfordere ich mein Pferd schnell, es wird vielleicht hektisch und nervös oder es verliert die Lust, mit mir zu trainieren. Beides will ich vermeiden.

So erzählen mir Kundinnen immer wieder von Situationen, in denen sie mit ihrem Pferd im Gelände sind und an Stellen kommen, an denen ihr Pferd partout nicht weitergehen will. Mitreiterinnen sind der Meinung, sie sollen sich jetzt durchsetzen. Ich bin der Meinung, das sind Zeichen von Angst und Unsicherheit. Meine Vor-

gehensweise ist in diesem Fall, erst einmal bewusst vorwärtszureiten. Das gibt meinem Pferd Sicherheit, es wartet förmlich auf ein Zeichen seines Leittiers und geht weiter. Oder ich schicke eine Mitreiterin nach vorn. Wenn ihr Pferd brav an der Angst einflößenden Stelle vorbeigeht, dann überträgt sich der Mut oft auch auf das eigene Pferd. Sollte man aber selbst Angst bekommen, rate ich abzusteigen, an der Gefahr vorbeizuführen und in Ruhe wieder aufzusteigen. Denn wenn man selbst unsicher wird, fängt man unbewusst an zu klemmen und signalisiert dem Pferd: „Hier stimmt etwas nicht!" Wenn man in diesem Fall absteigt, ist man keineswegs ein Verlierer, ganz im Gegenteil, es wirkt vertrauensfördernd und verbindend: Das Pferd spürt, dass man seine Unsicherheit sieht, für voll nimmt und achtsam damit umgeht. Dazu kommt, dass es sich bei dieser Vorgehensweise weniger aufregt, sein Adrenalinspiegel tiefer bleibt und es dadurch mehr lernen kann. Beim zweiten oder dritten Mal ist die gleiche oder ähnliche Situation eventuell schon viel weniger beängstigend.

Hör auf dein Bauchgefühl!

Ab und zu komme ich auch zu Kunden, die meine Hilfe für etwas wollen, was ich nicht unterstützen möchte. So sollte ich einer Kundin helfen, ihren Wallach in eine gekachelte enge Waschbox zu führen und abzuspritzen. Die Stallkollegen waren der Meinung, sie solle das Pferd mit viel Druck in die Box zwingen. Aber darauf wollte ich mich nicht einlassen, weil mir das Verletzungsrisiko für den Wallach zu groß erschien. Er prustete schon vor Aufregung, als wir nur in die Nähe der Box kamen. Die Box war circa 8 Quadratmeter groß, hatte einen Eingang, so groß wie eine normale Haustür, für ein Pferd sehr eng, und der Boden und die Wände waren gefliest. Zudem war der Wallach rundum beschlagen. Ich sah das Pferd schon vor meinen Augen in der Box hektisch werden, wegrutschen und sich verletzen. Da für mich die Sicherheit für alle immer an erster Stelle steht, lasse ich mich auf solche Aufgaben nicht ein. Auf mein Anraten hin nahm sich die Besitzerin des Wallachs einen großen Eimer Wasser und einen Schwamm und wusch ihm an einem sicheren Platz den Schweiß aus dem Fell. Nur einige Wochen später berichtete mir die Kundin, eine Stute sei in der Waschbox gestürzt und habe sich dabei schwer verletzt. Höre immer auf dein Bauchgefühl und gehe auch einmal andere Wege als andere, wenn es für dich und dein Pferd besser ist.

Wenn man versucht, achtsamer und bewusster mit seinem Pferd umzugehen, spürt man selbst den Unterschied. Vielleicht merkt man die Veränderung nicht gleich beim ers-

ten Mal. Das Pferd ist vielleicht diese Art und Weise nicht mehr gewohnt und ist anfangs etwas skeptisch. Aber nach einigen Tagen wird sich etwas verändern, und wenn es nur Kleinigkeiten sind. Wenn man einmal auf diesem Weg ist, wird man ihn auch nicht mehr verlassen. Wie „zufällig" tauchen immer mehr Artikel, Bücher oder Kurse zu genau diesem Thema auf, die weitere Ideen geben können.

Dieser Weg ist ein wunderschöner Prozess, der vermutlich nie enden wird. Du wirst schon, wie du auf einmal die Achtsamkeit auch in anderen Lebensbereichen suchst – zum Beispiel im Zusammensein mit Freunden und Kollegen. Kurzum, ich bin der Meinung, eine gelebte Achtsamkeit ist eine Lebenseinstellung und beinhaltet den liebevollen Umgang mit anderen Lebewesen und Mitmenschen, aber vor allem auch mit sich selbst.

Gemeinsam entspannt ausreiten.
Was gibt es Schöneres? (Foto: Christiane Slawik)

Irrwege und wie ich sie vermeide

Unsere Zeit heute ist sehr schnelllebig und das hat sich leider auch in unsere Reiterszene übertragen. Zeit und Geduld haben die wenigsten bei der Ausbildung ihrer Pferde. Gerade junge Pferde stehen unter einem immensen Druck: Nach 6–8 Wochen erwartet der Besitzer, dass sein Pferd locker und entspannt in allen drei Gangarten unter dem Sattel läuft. Um dieses Ziel zu erreichen, werden viele Pferde sogar von Profis mit Hilfszügeln wie Ausbindern und Schlaufzügeln longiert oder geritten. Hauptsache, die Kopfhaltung stimmt. Warum nehmen sich nur relativ wenige die Zeit, das Pferd mit gezieltem Muskeltraining zu lehren, dass es vermehrt auf der Hinterhand Last aufnehmen soll und so von allein in eine natürliche, gesunde Aufrichtung kommt? Was man dem Pferd bei der Verwendung von Hilfszügeln antut, ist vermutlich vielen nicht bewusst: Das Pferd nimmt Schaden an Leib und Seele. Die Argumentation der Befürworter ist, dass die Hilfszügel dem Pferd den Weg in die Tiefe zeigen sollen, es unterstützen, den Rücken aufzuwölben. Die Realität ist allerdings eine andere: Es kommt beispielsweise zu Verspannungen von Hals und Rücken, Entzündungen im Genick und Arthrosen an der Wirbelsäule. Die Hilfszügel verhindern meist sogar das Aufwölben des Rückens und das Untertreten unter den Schwerpunkt. Durch die verursachten Schmerzen können Pferde ihre Ausstrahlung und Freude gänzlich verlieren.

Akademische Reitkunst mit Bent Branderup.
(Foto: Christiane Slawik)

> *Liebe stellt keine Bedingungen, keine „Wenn", keine „Aber". Wahre Liebe sagt nie: „Erfülle erst diese Anforderungen, dann werde ich dich lieben." Liebe ist wie Atmen: Wenn sie dir widerfährt, bist du einfach Liebe. Liebe ist bedingungsloses Geben.*
>
> *Marita Schroeder*

Meine große Hoffnung ist, dass in unserer Gesellschaft wieder ein Umdenken stattfindet. Für unseren Körper und unserer Seele, aber auch für Körper und Seele unserer Pferde. So wünsche ich mir, dass mehr und mehr Pferdebesitzer den Weg zur Lehre der klassischen Reitweise finden und diese sich noch viel weiter verbreitet. Wer ein derartig ausgebildetes Pferd einmal geritten ist, will nichts anderes mehr erleben: Es geht so leicht, winzige Signale genügen, Sporen und Gerte braucht man nicht, teilweise reicht schon fast der Gedanke an eine Lektion aus – purer Genuss!

Mein Pferd soll mich glücklich machen

Viele Reiter erwarten, dass ihr Pferd alles macht, damit sie glücklich und stolz sein können. Sie denken aber wenig darüber nach, ob ihr Pferd das auch möchte. Sie fragen sich eher, warum es nicht die zehn Minuten auf dem Turnier am Wochenende das machen kann, was von ihm verlangt wird. Aus Pferdesicht bedeutet Hängerfahren aber meist Ungewissheit, wo man es letztlich wieder herauslassen wird: in der Pferdeklinik, auf einem Vereinsturnier, in einem neuen Stall oder eventuell sogar bei einem neuen Besitzer? Die meisten Pferde – würden wir sie fragen – würden klar ablehnen. Pferde sollten sich verladen lassen, damit man sie im Notfall in die Klinik fahren kann. Bei vielen anderen Fahrten sollte man aber sorgsam abwägen, ob sie tatsächlich notwendig sind. Schon beim Verladen sind viele Pferde so angespannt, dass sie im Anhänger jegliches Futter verweigern. Auf vielen Turnieren liegt nur Hektik in der Luft: hektische Menschen und Pferde, ein unbekannter Ort, laute Musik und Durchsagen. Auch die Abreiteplätze sind meist so überfüllt, dass ein Abreiten in Ruhe nicht möglich ist. Wie soll bei so viel Stress ein Pferd noch eine glänzende Leistung mit Ausdruck im Viereck zeigen können?

Deshalb sollte ich mich hinterfragen: Warum setze ich mein Tier, das ich liebe, solchen Situationen aus? Geht es mir vielleicht auf einem Turnier mehr um meine Anerkennung und Ruhm?

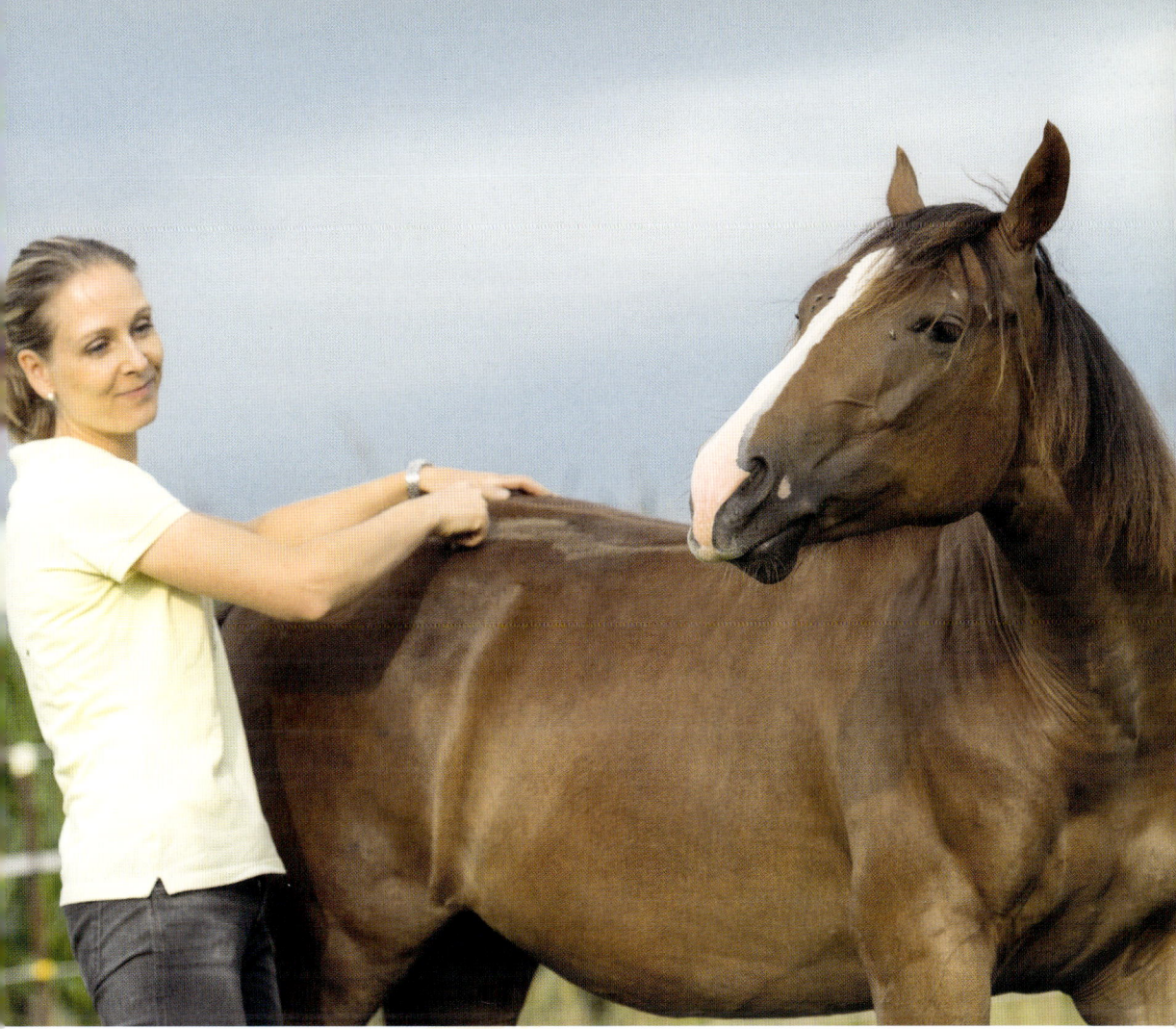

Fellkraulen verbindet zwei Freunde miteinander. (Foto: Claudia Rahlmeier)

Aber kann das noch richtig sein, wenn es zu Lasten des Pferdes geht?

Sein Pferd bedingungslos zu lieben bedeutet für mich, keine Erwartungen an sein Pferd zu stellen, es darf sein, wie es ist, mit all seinen Charaktereigenschaften, die mich manchmal zum Lachen und manchmal zum Weinen bringen. Und nicht, weil es all diese Lektionen kann, weil es auf dem Turnier glänzt oder weil es eine sehr gute Abstammung hat. Wir haben uns beim Kauf für unser Pferd entschieden und damit die Verantwortung übernommen, unser Bestes zu geben, um ihm ein schönes, artgerechtes Leben zu ermöglichen.

Wahre Liebe lässt frei

Immer wieder komme ich zu Kunden, deren Pferd in der Box steht, in einem der vielen Boxenställe, die ich leider immer noch so oft sehe. Das eine Pferd nimmt alles ins Maul, das nächste schlägt sich die Hinterbeine an der Boxenwand wund und das dritte verletzt sich ständig auf der Koppel, weil es so ungestüm ist. Dies sind nur drei Beispiele; Gründe, warum ich angerufen werde, gibt es weit mehr. Für mich ist oft sofort klar: In den meisten Fällen handeln diese Pferde aus Langweile, fehlendem sozialen Kontakt und mangelnder Bewegung.

Gemeinsames Grasen schüttet Oxytocin aus! (Foto: Christiane Slawik)

> *Das Pferd zeigt uns den Weg der Weisheit, aber wir müssen den Weg auch beschreiten wollen.*
>
> Frédéric Pignon (2013, S. 77)

Wenn ich im Beratungsgespräch vorsichtig darauf hinweise, dass die Lösung unter anderem darin liegt, die Bedürfnisse des Pferdes mehr zu stillen, spüre ich vielfach eine riesige Angst, die sofort Mauern erbaut. Eine Angst, dass sich das Pferd verletzen könnte, wenn es mit anderen Pferden auf die Koppel geht, dass es zu müde

ist, wenn man zum Reiten kommt. In diesen Fällen empfinde ich ein starkes Mitgefühl für das Pferd, dem ich mehr Freiheiten wünsche, spüre aber, dass der Besitzer nicht bereit ist, grundlegend etwas zu verändern.

Argumente gegen Veränderungen gibt es genügend. Wenn man diese Begründungen mit Vernunft betrachtet, sind viele dieser Ängste unrealistisch. Beispielsweise passiert bei einer Herdenzusammenführung meist wenig, wenn man es mit Bedacht macht. Häufig stecken meiner Meinung nach hinter den vorgeschobenen Argumenten tiefer sitzende Ängste wie Kontrollverlust. Es gibt einen bekannten amerikanischen Pferdetrainer, der immer wieder Besitzer seiner Kundenpferde zum Therapeuten schickt. Er macht das, wenn er fühlt, dem Pferd sonst nicht helfen zu können. Allerdings ist unterstützte Per-

Das Pferd spürt die Anspannung seines Menschen und wird widersetzlich. (Foto: Christiane Slawik)

sönlichkeitsentwicklung in den USA ganz normal. Dort lassen sich viele Menschen coachen.

Die Pferde spiegeln uns, haben klare Botschaften für uns und sind unsere Persönlichkeitstrainer. Wir müssen es allerdings zulassen und uns für diese Denkweise öffnen, damit Prozesse sich entwickeln können.

Wenn ich das Beste für mein Pferd will, dann braucht es Freiheiten und das Vertrauen, dass es auf sich aufpasst, dass es seinen Platz in der Herde findet. Ich muss es ein Stück loslassen und überlegen, wie ich so gut wie möglich auf die Bedürfnisse meines Pferdes eingehen kann. Erst dann kann ich mit gutem Gewissen sagen: „Ich gebe mein Bestes, damit es meinem Pferd gut geht!" Aber eins kann ich versprechen: Sein Tier wahrhaft glücklich zu sehen, das macht einen wirklich glücklich!

Leistung

> *Es gibt kein Problem, das nicht auch ein Geschenk für dich in den Händen trüge. Du suchst Probleme, weil du ihre Geschenke brauchst.*
>
> *Richard Bach*

Leistung ist gerade in der heutigen Zeit ein großes Thema. Durch unsere Leistungsgesellschaft fühlen sich viele Menschen stark unter Druck gesetzt. Sie fühlen es so, dass sie nur anerkannt und geliebt werden, wenn sie die geforderte Leistung erbringen. Jeder noch so kleine Fehler kann zum Drama werden. Somit versuchen wir, jeden Fehler krampfhaft zu vermeiden, und sind selbst unsere größten Kritiker. Dabei gehören Fehler beziehungsweise negative Erfahrungen zu unserem Leben. Erst durch sie können wir wachsen und reifen.

Viele kommen am Abend oder Wochenende gestresst und erschöpft von der Arbeit zu ihrem Pferd in den Stall, um es zu reiten. Sie erhoffen sich, eine schöne, entspannte Zeit mit ihrem Vierbeiner erleben zu können. Allerdings sind unsere Pferde so feinfühlige Wesen, dass sie schon aus zehn Metern Entfernung die Verfassung ihres Besitzers erspüren. Sie bemerken sofort die häufig aus dem Berufsalltag übertragene Erwartungshaltung ihres Menschen, dass sie jetzt einfach nur laufen oder funktionieren sollen. Angespannt durch diesen Druck sind unsere Pferde oft so verunsichert, dass genau das Gegenteil eintrifft. Die einen werden hektisch, andere gehen gänzlich verspannt, und wieder andere versuchen, durch Buckeln die Verspannungen loszuwerden.

In dieser Verfassung wäre es besser, wir würden erst versuchen, uns etwas zu entspannen und den Kopf freizubekommen, bevor wir unserem Pferd begegnen. Dann haben wir mehr Geduld, sind weniger gereizt und können auch die gemeinsamen Stunden mit unserem Pferd viel mehr genießen.

Viele Pferde sind gelangweilt und unterfordert

Früher waren Pferde meist reine Arbeitstiere. Sie waren tägliche Begleiter, ohne deren Hilfe die Arbeit nicht zu schaffen war. Heute ist es reiner Luxus, ein oder mehrere Pferde zu besitzen. Viele Pferde haben im Grunde genommen keine

Cowboy bei der täglichen Rinderarbeit. (Foto: Christiane Slawik)

Liebe ist mehr als ein Gefühl. Sie bedeutet, positiv über unser Pferd zu denken.

Ariane Reaves

wirkliche Aufgabe mehr. Sie werden eine Stunde am Tag geritten, oft Tag für Tag, Jahr um Jahr das gleiche Programm, und werden weder körperlich noch geistig gefordert oder an ihre Grenzen gebracht. Ihre besonderen Fähigkeiten werden nicht erkannt und nicht gefördert. Das ist schade, denn ein Pferd, das Spaß hat bei dem, was es macht, hat eine ganz besondere Ausstrahlung. Es zieht uns in seinen Bann und wir können kein Auge von ihm lassen.

So wurde ich vor einigen Jahren zu einem sechsjährigen Vollblutwallach gerufen, weil er angeblich im täglichen Umgang gefährlich werden konnte. Schon beim Herausholen aus dem Offenstall sah ich der Besitzerin deutlich an, dass sie Angst hatte vor ihrem Jungpferd. Ihr ganzer Körper schien angespannt zu sein, immer auf der Hut, sollte ihr Pferd plötzlich steigen oder wegspringen. Als wir ein Stück auf dem Hof liefen, sah ich auch, woher diese Angst kam. Der Wallach präsentierte sein volles Programm: Laut schnaubend, seinen Hals hoch gebogen tragend und mit erhobenem Schweif präsentierte er sich, als wolle er neben ihr jeden Augenblick explodieren und losrasen. Jegliche Versuche, ihn zu maßregeln, schienen an ihm vorbeizugehen. Die beiden waren in einem negativen Karussell: Der Jungspund steckte in seiner Sturm-und-Drang-Phase, war voller Kraft und durch das reine Stehen im Stall körperlich und geistig unterfordert. Er schien jede Möglichkeit, aus dem Stall zu kommen, nutzen zu wollen, sah eine Chance, Neues zu erleben und sich selbst Bewegung zu verschaffen. Allerdings machte gerade diese Power seiner Besitzerin so große Angst, dass sie sich immer weniger zutraute, ihn aus dem Stall herauszuholen.

Als ich den Wallach etwas näher kennengelernt hatte, war meine Empfehlung damals, eine Ausbilderin zu suchen, die mit klassischer Bodenarbeit beginnen sollte, seinen Körper auf das Anreiten vorzubereiten. Dieses hochintelligente Pferd war gelangweilt und wartete förmlich, Neues lernen zu dürfen. Nur zwei, drei Monate später, nachdem der Jungspund einen solchen Ausbildungsplatz bekommen hatte, hörte ich von der Besitzerin, dass er sich total verändert hatte: „Er ist viel ruhiger geworden, hat an Muskulatur gewonnen, die Widersetzlichkeit ist verschwunden, und er kommt auf der Koppel schon angaloppiert, wenn die Ausbilderin ihn ruft." Über diese Veränderung habe ich mich für den Wallach und seine Besitzerin sehr gefreut. Ein professioneller Trainer oder Ausbilder, der dem Pferd und seinem Menschen liegt, kann beiden Sicherheit geben und so den Weg zu einem vertrauensvollen Miteinander ebnen.

Ein zu enges Verhältnis zum Pferd ist ungesund

Der Anruf einer total verzweifelten Frau erreicht mich. Ihre selbst gezogene vierjährige Warmblutstute benimmt sich so daneben, dass sie nicht mehr weiterweiß. Im schlimmsten Fall müsse sie die Stute weggeben, was der Besitzerin aber das Herz zerreißen würde. Sie hat das Pferd aus ihrer früheren, geliebten Stute gezogen und bei sich zu Hause aufwachsen sehen. Mitzuerleben, wie ein Pferdebaby das Licht der Welt erblickt und heranwächst, ist für viele eine wunderschöne Erfahrung. Diese vielen schönen Momente und die Tatsache, dass die Stute sie immer an ihr voriges Pferd, zu dem sie eine sehr innige Beziehung hatte, erinnern wird, binden sie eng an den Nachwuchs. Wir vereinbaren einen Termin, bei dem ich mir selbst ein Bild von

In diesem Fall hat das Pferd sehr starke Schmerzen! (Foto: Christiane Slawik)

der Stute machen möchte. In einem längeren, sehr bewegenden Gespräch erzählt sie mir die Geschichte ihrer Stute von der Geburt bis zum heutigen Tag. Die Schwierigkeiten mit ihr begannen vor einem Jahr, als sie versuchten, sie anzulongieren und anzureiten. Sie erzählt mir, dass die Stute sie nicht respektiert, sie umrennt, sich losreißt, wenn sie keine Lust mehr hat, oder die Besitzerin Angst einflößend ansteigt.

Nach der langen und emotionalen Geschichte gehen wir in den Stall und die Besitzerin bleibt vor der Box der Stute stehen. Rundherum stehen noch drei weitere Stuten, eine Zuchtstute und ihre zwei Nachkommen. Die Jüngste ist ein Jahr alt. Alle registrieren uns und machen lange Hälse, um unsere Aufmerksamkeit zu erhaschen. Nur die „schwierige" Stute steht regungslos mit hängendem Hals in ihrer Box. Als ich sie mir anschaue, sehe ich eine große dunkelbraune Stute des schweren Typs. Sie hat einen sehr schön geformten Kopf, ihre Proportionen passen alle gut zusammen. Ich spreche sie an, um auf mich aufmerksam zu machen. Normalerweise ist das nicht nötig, denn ich glaube an Tierkommunikation und dass sie längst wusste, dass ich wegen ihr da war. Aber ich bekomme kein Zeichen. Erst als ich die Boxentür öffne, dreht sie ihren Kopf in meine Richtung. Ich spüre eine unglaubliche Schwere und Trauer, die von diesem Pferd ausgeht.

Kindern vertrauen Pferde oft schneller als uns Erwachsenen. Sie spüren, dass Kinder ihnen nichts antun.
(Foto: Christiane Slawik)

Dieses Gefühl verstärkt sich noch, als ich ihr in die Augen sehe. Sie hat tiefe Trauerfalten über den Augen. So traurige Pferdeaugen habe ich noch nie gesehen. Bei diesem Anblick muss ich mir fast auf die Lippe beißen, um nicht selbst loszuweinen. Ich habe tiefes Mitgefühl für die Stute und will wissen, wie es dazu kommen konnte. Dazu schaue ich mir alles an: die Fütterung, die Haltung, den Auslauf. Aber ich kann nichts finden, was ein Pferd so belasten könnte. Die Fütterung ist gut, die Pferde bekommen nur Heu, Stroh und Gras. Im Winter zusätzlich ein Mineralfutter. Die Pferde stehen zwar in der Box, aber die Wände sind so niedrig, dass sie gut Kontakt mit den Nachbarn aufnehmen können. Sie gehen abends auf riesig angelegte Koppeln und kommen vormittags in ihre Bo-

xen. Ich denke bei mir: Da gibt es Pferde, denen es weit schlechter geht. Woher kommt also diese Trauer?

In einem Gespräch bespreche ich mit der Besitzerin meine Gefühle. Mit tränenerstickter Stimme bestätigt sie meinen Eindruck. Ihr Pferd so traurig mitzuerleben, würde sie noch weiter hinunterziehen, wo sie doch selbst mit Depressionen kämpft. Da wurde mir langsam klar, was los war. Pferde spiegeln uns. Die Stute und ihre Besitzerin haben eine so enge, tiefe Bindung, dass die Stute aus Liebe zu ihrer Besitzerin einen Teil der tiefen Trauer mitträgt. In solchen Fällen kann dem Pferd nur dann geholfen werden, wenn sich der Mensch professionelle Unterstützung sucht oder das Pferd in andere Hände gibt. Das erlebe ich immer wieder.

Gerade heutzutage, wo es mehr Singles als je zuvor gibt, gehen manche Menschen sehr enge Verbindungen zu ihren Tieren ein. Sie werden, wenn man so will, als Partner- oder Kinderersatz missbraucht.

Aber an dieser Stelle frage ich bewusst sehr provokant: „Kann ein Partner oder ein Kind überhaupt in das Leben treten, wenn dieser Platz bereits von einem Tier besetzt ist?" Ich glaube, wenn Tiere eine Stellung einnehmen, die ihnen normalerweise nicht zusteht, dann kann ein wirklicher Liebespartner oder ein Kind nicht in das Leben treten – auch wenn der Wunsch noch so groß ist. Der Platz ist bereits besetzt. Zudem ist es für diese Tiere nicht gut, weil sie aus Liebe und tiefer Verbundenheit Stimmungen oder sogar Krankheiten übernehmen. Es geht darum, dem Tier wieder seine gesunde Stellung als Tier zurückzugeben, und damit meine ich eine ehrliche innere Einstellung.

Ist mein Pferd glücklich und zufrieden?

Wenn du etwas unsicher bist bei dieser Frage: „Ist dein Pferd glücklich?", dann gibt es vermutlich Dinge, Situationen oder Verhaltensweisen, die dich zum Nachdenken bringen. Wenn du dich mit dem Thema eingehend beschäftigst – ich meine damit, dass du dein Pferd genau beobachtest, eventuell auch andere Menschen nach ihrer Meinung fragst, beispielsweise Therapeuten oder den Tierarzt, du nach Antworten suchst, zum Beispiel in Artikeln, Büchern, Vorträgen, im Internet –, dann wirst du früher oder später eine Antwort auf deine Frage bekommen. Einige Anregungen und Ideen hast du sicherlich durch dieses Buch bekommen.

Geh doch einfach mal in dich und überlege, was du für den Anfang am leichtesten umsetzen könntest. Manchmal sind es Kleinigkeiten, die schon viel bewirken. Wer neugierig ist, wird immer wieder neue Ideen bekommen. Also bleibe offen, um zu sehen, was dir und deinem Pferd guttut.

> Das Pferd ist dein Spiegel.
> Es schmeichelt dir nie.
> Es spiegelt dein Temperament.
> Es spiegelt auch deine Schwankungen.
>
> Ärgere dich nie über ein Pferd,
> du könntest dich eben sowohl
> über deinen Spiegel ärgern.
>
> *Rudolph G. Binding*

Bist du durch meine Zeilen jetzt etwas nachdenklich und in dich gekehrt? Hast du dich an der einen oder anderen Stelle angesprochen gefühlt oder dein Pferd wiedererkannt? Das freut mich sehr, weil ich genau das mit meinem Buch erreichen will. Ich will dich, lieber Leser, sensibilisieren für die Bedürfnisse und Wünsche unserer geliebten Vierbeiner. Und ich freue mich über jeden Einzelnen, der sich auf einen neuen, anfangs eventuell sehr ungewohnten Weg macht, und wenn es nur winzig kleine Veränderungen sind. Zu Beginn wirst du vielleicht auch Gegenwind bekommen, weil du von anderen Stallkollegen belächelt wirst. Ich weiß aus eigener Erfahrung, dass das keine einfache Situation ist. Genau an diesem Punkt wünsche ich mir, dass du in dich gehst und deine innere Stimme befragst, ob das,

was du machst, sich gut anfühlt für dich und dein Pferd. Und wenn ja, dann lass dich nicht beirren und gehe deinen Weg mutig weiter voran. Es kann sein, dass du dich vielleicht auch von Bekannten im Stall lossagst, weil sie dir nicht mehr guttun. Das sind schmerzliche Erlebnisse, die viele von uns machen, aber du bist nicht allein. Suche dir neue Menschen, Gleichgesinnte, die ähnlich denken wie du und mit denen du dich positiv austauschen kannst. In diesem Sinne wünsche ich dir viele schöne, berührende und beglückende Momente zusammen mit deinem Pferd!

Deine Caroline Sperling

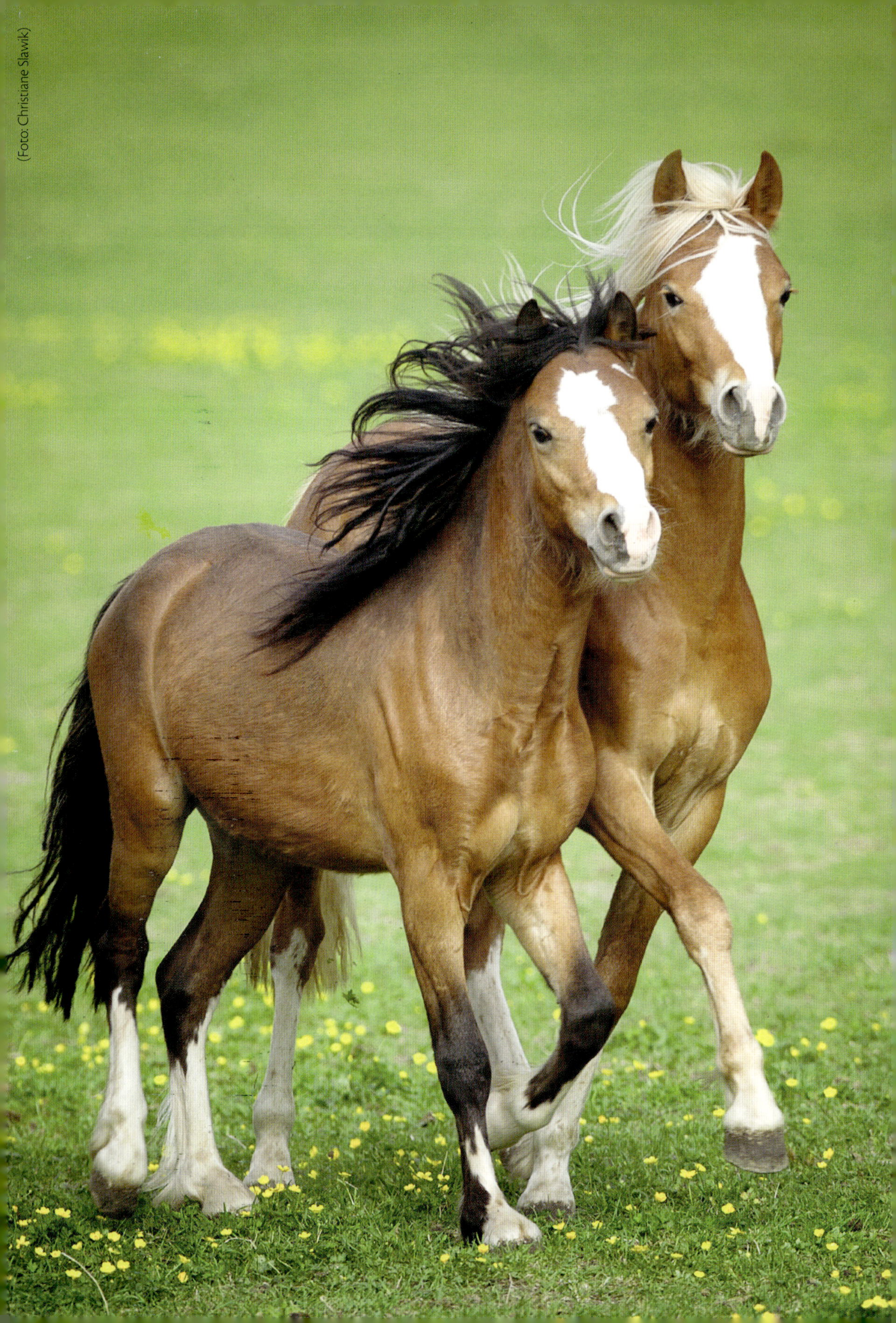

(Foto: Christiane Slawik)

Für die großartige Unterstützung zu diesem Buch möchte ich mich ganz besonders bedanken:

- Bei meinem Verlag. Der konstruktive Austausch hat das Buch zu dem werden lassen, was es jetzt ist!

- Bei Experten, die mich mit ihrem Wissen tatkräftig unterstützt haben. Hier seien ausdrücklich genannt:

  Zähne: Dr. Fabian Hällfritzsch
  Hufe: Dr. Konstanze Rasch
  Haltung: Dr. Tanja Romanazzi
  Fütterung: Dr. Christina Fritz
  Rücken: Claudia Strauß

- Bei meinen lieben Kunden, durch die all die Erfahrungsberichte entstanden sind.

Bücher

Delgado, Magali, und Pignon, Frédéric:
Die Kraft der Verbindung.
Kosmos, 2013.

Ettl, Renate: Muskelprobleme bei Pferden lösen.
Crystal, 2016.

Fritz, Christina: Pferde fit füttern.
Cadmos, 2012.

Hannes, Chris: Pferdezähne gesund erhalten.
Ulmer, 2010.

Kärcher, Gabriele, und Binder, Sibylle Luise:
Welches Pferd für welchen Reiter?
Müller Rüschlikon, 2007.

Kittler, Lisa: Schöne Pferde durch Training.
Crystal, 2016.

Lehmann, Ute: Reiten ohne Gebiss.
Crystal, 2015.

Rasch, Konstanze: Problemlos eisenlos.
Müller Rüschlikon, 2013.

Romanazzi, Tanja: Mein Pferd im Offenstall.
Radionik-Verlag, 2015.

Schöneich, Klaus: Die Schiefentherapie.
Müller Rüschlikon, 2010.

Wendt, Marlitt: Wie Pferde fühlen und denken.
Cadmos, 2009.

Zeitler-Feicht, Margit: Handbuch Pferdeverhalten.
Ulmer, 2015.

Internetquellen

- www.offenstallkonzepte.com/

- www.wageningenacademic.com/doi/
  10.3920/978-90-8686-818-6_1 (Heumenge)

- www.pferd-forschung.de/mediapool/
  106/1068195/data/F_rderpreis2015_Netters-
  heim_Bachelor.pdf (Fresszeiten)

- www.pferde-zahnbehandlung.com/